Entwurf
zur einheitlichen Werthbestimmung chemischer Desinfektionsmittel.

Mit besonderer Berücksichtigung der neueren physikalisch-chemischen Theorien der Lösungen.

Von

Dr. Theodor Paul,

a. o. Professor an der Universität Tübingen.

Mit 8 in den Text gedruckten Abbildungen.

Springer-Verlag Berlin Heidelberg GmbH 1901

ISBN 978-3-662-32206-2 ISBN 978-3-662-33033-3 (eBook)
DOI 10.1007/978-3-662-33033-3

(Sonderabdruck aus der Zeitschrift für angewandte Chemie 1901 Heft 14 und 15.)

Dem Begründer der modernen Desinfektionslehre

Robert Koch

widmet diese Blätter

der Verfasser.

Vorwort.

Den äusseren Anlass zur Veröffentlichung dieses Entwurfes gab eine gemeinschaftliche Sitzung der Abtheilungen Chemie und Medicin auf der 72. Versammlung deutscher Naturforscher und Ärzte zu Aachen am 20. September 1900, in welcher von berufener Seite Referate über die Ertheilung ärztlicher Gutachten über neuerfundene Heilmittel erstattet wurden. Es kann keinem Zweifel unterliegen, dass die jetzt bestehenden Zustände sowohl im Interesse der pharmaceutisch-chemischen Gross- und Kleinindustrie, als auch der Ärzte und des Publikums einer Regelung bedürfen, und dass diese Reform in nächster Zeit vorgenommen werden wird, sei es durch eine Vereinigung von Fachgelehrten oder von staatswegen. Zur sachgemässen Ertheilung dieser Gutachten sind aber einheitliche in der Praxis leicht durchführbare Prüfungsvorschriften nöthig und an solchen ist vorläufig noch Mangel. So werden bei der Prüfung und Beurtheilung der Desinfectionsmittel, welche einen grossen Theil der neuen Heilmittel ausmachen, so verschiedenartige Wege eingeschlagen, dass sich die von verschiedenen Seiten mit demselben Präparat erhaltenen Versuchsresultate oft vollkommen widersprechen und demgemäss auch die Gutachten diametral gegenüberstehen. Wie oft werden nicht die elementarsten Begriffe, wie entwicklungshemmende und bakterientödtende Wirkung mit einander verwechselt! Hierin Wandel zu schaffen, ist der

Zweck des vorliegenden Entwurfes, in welchem die Grundsätze niedergelegt sind, nach denen die experimentelle Werthbestimmung der Desinfectionsmittel zu erfolgen hat.

Da die Desinfectionsmittel fast ausschliesslich im gelösten Zustande angewendet werden und die bakterientödtende Wirkung eines Stoffes ausser von seiner chemischen Constitution auch im hohen Grade von seinem Lösungszustande abhängt, sind bei der Anstellung von Desinfectionsversuchen alle Umstände zu berücksichtigen, welche letzteren beeinflussen können. Hierzu ist aber die Kenntniss der neueren physikalisch-chemischen Theorien der Lösungen erforderlich, durch welche unsere Anschauungen vom Zustande der Stoffe in Lösungen in vollkommen neue Bahnen gelenkt worden sind, ja es wird in diesen Blättern gezeigt werden, dass die Herbeiführung des maximalen Desinfectionseffectes eines Stoffes und die Auffindung und Herstellung neuer Desinfectionsmittel vielfach nur auf diesem Wege bewirkt werden können. Um den Charakter dieses Schriftchens nicht zu beeinträchtigen, konnten die chemischen Grundlagen der modernen Desinfectionslehre nur kurz angedeutet werden; der Leser, welcher sich über dieses Gebiet eingehender unterrichten will, findet das Nähere in den citirten Abhandlungen des Verfassers und seiner Mitarbeiter. Hoffentlich gelingt es dem Zusammenwirken zahlreicher Fachgenossen auch diesen Zweig der angewandten Chemie durch jene gewaltigen Fortschritte der theoretischen Chemie umzugestalten und neu zu beleben!

Theodor Paul.

Inhaltsangabe.

1. Die Unzulänglichkeit des bisher bei der Prüfung chemischer Desinfectionsmittel eingeschlagenen Weges und die Nothwendigkeit eine einheitliche Werthbestimmung einzuführen 1
2. Allgemeines über Desinfection 5
3. Nach welchen Grundsätzen ist die Werthbestimmung eines chemischen Desinfectionsmittels auszuführen? 8
4. Versuchsanordnung bei Prüfung der bakterientödtenden Wirkung chemischer Desinfectionsmittel nach der Methode von B. Krönig und Th. Paul: 10
   Princip der Versuchsanordnung 10
   Zubereitung der mit Bakterien beschickten Tarirgranaten . 15
   Ausführung des Desinfectionsversuches 19
   Die Unschädlichmachung der Desinfectionsmittel 21
   Die Übertragung der Bakterien auf den Nährboden . . . 24
   Die Zubereitung des Nährbodens 25
   Angaben über die Desinfectionsdauer und die Zahl der zu verwendenden Bakterien und anzulegenden Culturen . . 29
5. Nachweis für die Brauchbarkeit dieser Prüfungsmethode 32
6. Welche Concentrationen sollen die Lösungen eines Desinfectionsmittels bei der Bestimmung der bakterientödtenden Wirkung haben? 41
7. Zusammenstellung der Daten, welche für die einheitliche Werthbestimmung eines Desinfectionsmittels und für die Beurtheilung seiner Verwendung in der Praxis nothwendig oder wünschenswerth sind 46
8. Schlussbetrachtungen über die Beziehungen, welche zwischen der bakterientödtenden Wirkung eines Stoffes und dessen physiologischem und pharmakologischem Verhalten bestehen 50

I. Die Unzulänglichkeit des bisher bei der Prüfung chemischer Desinfectionsmittel eingeschlagenen Weges und die Nothwendigkeit eine einheitliche Werthbestimmung einzuführen.

Seitdem uns Robert Koch in Gemeinschaft mit seinen Schülern mit einer Reihe chemischer Stoffe bekannt machte, denen eine mehr oder weniger bedeutende Desinfectionskraft zukommt, hat man sich unablässig bemüht, neue Desinfectionsmittel unter den bekannten chemischen Stoffen aufzufinden oder neue Verbindungen eigens zu diesem Zwecke herzustellen. Besonders die Fabriken pharmaceutisch-chemischer Präparate haben es sich angelegen sein lassen, eine Fülle neuer Körper synthetisch darzustellen, so dass die Zahl der gegenwärtig bekannten Desinfectionsmittel sehr gross ist. Da es aber leider bisher an einer einwandfreien, einheitlichen Methode fehlte, nach welcher der Desinfectionswerth eines chemischen Stoffes im Laboratorium bequem festgestellt werden kann, waren die Fabrikanten darauf angewiesen, das betreffende Präparat dem Leiter eines grösseren chirurgischen Krankenhauses oder auch einem praktischen Arzt mit der Bitte zu übersenden, dasselbe auf seinen Desinfectionswerth und seine Brauchbarkeit praktisch zu erproben. Abgesehen davon, dass die praktische Anwendung eines neuen Stoffes unter keinen Umständen eher erfolgen sollte, als seine desinficirenden Eigenschaften nach allen Seiten hin festgestellt und seine etwaige Giftwirkung auf den thierischen und menschlichen Organismus pharmakologisch untersucht worden ist, muss die Ausführung der bakteriologischen Prüfung vom Leiter jener Anstalten aus Mangel an Zeit meist jüngeren Assistenzärzten überwiesen werden, denen vielfach die nöthige Erfahrung in diesen Dingen fehlt. Gerade die bakteriologische Prüfung eines Desinfectionsmittels und die sich darauf aufbauende Beurtheilung seines Werthes für die Praxis erfordern aber eine so vielseitige naturwissenschaftliche und besonders chemische Vorbildung, dass es nur zu verständlich ist, warum die verschiedenen Experimentatoren in der Regel zu so verschiedenen Resultaten kommen, wie wir sie häufig in der bakteriologischen und medicinischen Litteratur finden. Die klinischen Resultate dürfen nur ausnahmsweise und auch dann nur mit grosser Vorsicht verwerthet werden und können niemals die objective bakteriologische Prüfung ersetzen, da bei ihnen die Zufälligkeiten eine so bedeutende Rolle spielen.

Diesen Thatsachen gegenüber musste es als eine dankenswerthe Aufgabe erscheinen, ein Verfahren auszuarbeiten, nach welchem die bakteriologische Prüfung eines chemischen Desinfectionsmittels im Laboratorium ausgeführt werden kann, und das die Beurtheilung von dessen Werth und Anwendung nach einem einheitlichen Maassstabe gestattet. Schon früher sind in dieser Beziehung mehrfach Vorschläge gemacht worden, so z. B. von Max Gruber[1]) (Wien) auf dem VII. internationalen Congress für Hygiene und Demographie zu London 1891, doch haben dieselben, trotzdem sie sich auf vorzügliche experimentelle Erfahrungen stützten, keine allgemeine praktische Verbreitung erlangt. Die Einführung allgemeiner einheitlicher Untersuchungsmethoden und Maasseinheiten pflegt auf allen Gebieten der Wissenschaft einen ganz bestimmten Gang zu nehmen. Vom rein wissenschaftlichen Standpunkt aus betrachtet, sind solche Maassnahmen wohl sehr wünschenswerth, doch sind sie für das Fortschreiten der Wissenschaft nicht unumgänglich nöthig und deshalb unterbleiben sie. Erst, wenn sich die Praxis dieser Dinge bemächtigt und grössere materielle Interessen in Frage kommen, werden einheitliche Untersuchungs- und Bestimmungsmethoden vereinbart und schliesslich gesetzlich eingeführt. So kam es u. a. zur Einführung der Pharmacopöen, zur gesetzlichen Regelung bei Untersuchung der Nahrungsmittel und Gebrauchsgegenstände und zur gesetzlichen Festlegung elektrischer Maasseinheiten und Maassmethoden.

---

[1]) Vergl. das Referat im Centralblatt für Bakteriologie und Parasitenkunde 11, 115 (1892).

Als Beispiel aus der jüngsten Zeit sei an die Referate „Über Ertheilung ärztlicher Gutachten über neu erfundene Heilmittel" erinnert, welche auf der 72. Versammlung deutscher Naturforscher und Ärzte zu Aachen im September vorigen Jahres in einer gemeinschaftlichen Sitzung der Abtheilungen Chemie und Medicin erstattet wurden. Wie einer der betreffenden Herren Referenten, Prof. Dr. Wilh. His jun. in Leipzig, ausführte[2]), „ist das planmässige Aufsuchen und Darstellen neuer Arznei- und Nährmittel heute ein wichtiger Zweig der chemischen Industrie, der eine gewaltige ökonomische Bedeutung für das Deutsche Reich besitzt, Tausende von Arbeitern und Hunderte von wissenschaftlichen Kräften andauernd und intensiv beschäftigt. Unter den Producten, welche diese Thätigkeit gezeitigt hat, sind nicht wenige, die den Ansturm der Mode überdauert und sich in unserem Arzneischatz fest eingebürgert haben, die wir nicht mehr missen möchten, und für deren Erfindung und Darstellung Ärzte und leidende Menschen allen Grund haben, der Industrie dankbar zu sein. Es handelt sich darum, Normen zu finden für einen Zweig der ärztlichen Thätigkeit (gemeint ist die Ertheilung ärztlicher Gutachten über neu erfundene Heilmittel), der durch die heutige Entwickelung der Heil- und Nährmittelindustrie zum Bedürfniss geworden ist, der aber andererseits so viel Missstände gezeitigt hat, dass deren Besprechung an weithin sichtbarer Stelle gewiss ihre hohe Berechtigung hat". Da die Desinfectionsmittel ebenfalls zu den „Heilmitteln" im weiteren Sinne des Wortes gehören, hat auch die Frage nach einer einheitlichen Regelung ihrer Werthbestimmung actuelles Interesse erlangt und drängt in absehbarer Zeit zu einem Abschlusse.

In dieser Abhandlung soll der Versuch gemacht werden, für die Werthbestimmung chemischer Desinfectionsmittel ein einheitliches Verfahren anzubahnen. Wie gleich im Voraus bemerkt werden soll, bezweckt dieser Entwurf nicht, Normen für die gesammte bakterio-

---

[2]) Sonderabdruck aus dem „Ärztlichen Vereinsblatt für Deutschland" Jahrgang 1900, No. 433.

logische Prüfung und Begutachtung zu schaffen, sondern nur für einen Theil derselben, die Feststellung der keimtödtenden Wirkung eines Stoffes, die experimentellen Grundlagen in einem fest begrenzten Rahmen darzulegen. Eine nach diesen Grundsätzen ausgeführte Werthbestimmung wird den Fabrikanten instandsetzen, sich in kurzer Zeit Aufklärung über die desinficirenden Eigenschaften eines neuen Stoffes zu verschaffen, und die auf diese Weise ermittelten Daten, welche jeder Zeit nachgeprüft werden können, geben die Grundlagen für die weitere bakteriologische und klinische Prüfung ab. Ich verkenne nicht, dass dem nachstehend beschriebenen Verfahren noch mancherlei Mängel anhaften, doch steht zu erwarten, dass es durch weitere Vorschläge und Verbesserungen allen Anforderungen gerecht werden wird. Da diese Methode der Werthbestimmung in erster Linie praktischen Interessen dienen soll, habe ich gerade diese Zeitschrift für die Veröffentlichung gewählt, auch hat mich hierzu noch ein anderer Grund veranlasst. Wie ich in einer früheren Abhandlung[3]) dargethan habe, hat die Desinfectionslehre, besonders soweit es sich um Salze, Säuren und Basen handelt, durch die modernen physikalisch-chemischen Theorien eine tief eingreifende Umwandlung erfahren, welche auch für die Praxis von Bedeutung ist. Der Umstand, dass diese praktischen Consequenzen sich bisher nur auf wenige Nutzanwendungen beschränken[4]), obgleich die grundlegenden Experimentaluntersuchungen[5]) schon vor mehreren Jahren veröffentlicht worden sind, ist

---

[3]) Theodor Paul, Die Beziehungen der pharmaceutischen Chemie zur Bakteriologie (Vortrag, gehalten auf der 29. Hauptversammlung des Deutschen Apothekervereins in Stuttgart vom 3. bis 6. September 1900). Pharmaceutische Zeitung 1900, No. 72—74.

[4]) Vergl. u. A. O. v. Sicherer, Über den antiseptischen Werth des Quecksilberoxycyanids. Münchener medicin. Wochenschrift 47, 1002 (1900). Die Anwendung der elektrolytischen Dissociationslehre veranlasste B. Krönig und M. Blumberg zur Einführung des Quecksilberäthylendiamins in die Händedesinfectionspraxis. Münchener medicinische Wochenschrift 47, 1044 (1900).

[5]) Th. Paul und B. Krönig, Über das Verhalten der Bakterien zu chemischen Reagentien. Zeitschrift für physikalische Chemie 21, 414 (1896).

zum Theil darauf zurückzuführen, dass die medicinischen Vertreter der Bakteriologie, in deren Händen gegenwärtig nicht nur die wissenschaftliche Desinfectionslehre, sondern auch deren praktische Anwendung fast ausschliesslich liegen, mit jenen modernen Lehren nicht in dem Maasse vertraut sein können, wie es für den vorliegenden Fall unbedingt nothwendig ist. Aus diesem Grunde halte ich es für sehr zweckmässig, dass sich auch die pharmaceutischen Chemiker an der experimentellen Erforschung dieses Gebietes der Bakteriologie betheiligen, welche sich vielfach im Rahmen des chemischen Experimentes abspielt und zweifellos ebenso gut zu einem Theile der angewandten Chemie, speciell der pharmaceutischen Chemie gehört, wie zur Medicin. Ich habe diese Anschauungen in dem obenerwähnten Vortrage ausführlich auseinandergesetzt und darf es in meiner Eigenschaft als Arzt auch hier nochmals aussprechen, dass gewisse Zweige der Bakteriologie, deren Schwerpunkt auf chemischem Gebiete liegt, erst durch die Mitarbeiterschaft der wissenschaftlich thätigen Apotheker erschlossen werden und auf andere Wissensgebiete befruchtend einwirken können. Ehe wir zur Beschreibung der Werthbestimmung der Desinfectionsmittel übergehen, sollen mit Rücksicht auf die der Bakteriologie etwas ferner stehenden Leser dieser Zeitschrift einige Punkte aus der Desinfectionslehre kurz besprochen werden.

2. Allgemeines über Desinfection.

Wenn wir das Verhalten eines chemischen Stoffes zu den Bakterien prüfen wollen, haben wir zwei Punkte streng zu scheiden: die entwickelungshemmende Wirkung und die bakterientödtende Wirkung. Unter der entwickelungshemmenden Wirkung eines Stoffes verstehen wir die Fähigkeit

---

Dieselben, Die gesetzmässigen Beziehungen zwischen Lösungszustand und Wirkungswerth der Desinfectionsmittel. Münchener medicin. Wochenschrift 1897, No. 12.

Dieselben, Die chemischen Grundlagen der Lehre von der Giftwirkung und Desinfection. Zeitschrift für Hygiene und Infectionskrankheiten 25, 1 (1897).

desselben, das Wachsthum und die Vermehrung der Bakterien so lange zu verhindern, als er im Nährboden der betreffenden Bakterien anwesend ist. Entfernt man ihn oder verpflanzt man die Bakterien auf einen anderen geeigneten Nährboden, so entwickeln sie sich sofort weiter. Es beruht also die Entwickelungshemmung auf einer mehr oder weniger weitgehenden Verzögerung der Lebensthätigkeit. Mit der bakterientödtenden Wirkung eines Stoffes ist ein so weitgehender Eingriff in die Lebensthätigkeit der Bakterien verbunden, dass diese auch nach der Entfernung des betreffenden Stoffes nicht im Stande sind, sich weiter zu entwickeln.

Setzen wir z. B. zu Nährgelatine eine geringe Menge Quecksilberchlorid (nach R. Koch genügt hierzu ein Gehalt von 1 : 1000000), so wachsen Milzbrandbacillen, welche auf diese Gelatine gebracht werden, nicht weiter. Dass aber nur eine Entwickelungshemmung und keine Abtödtung vorliegt, sehen wir daran, dass die Milzbrandbacillen sofort weiter wachsen, wenn wir sie auf normale Nährgelatine übertragen. Erst wenn wir die Bacillen sehr lange auf der quecksilberhaltigen Gelatine lassen, degeneriren sie allmählich und gehen zu Grunde. Wir können daraus schliessen, dass unter sonst gleichen Verhältnissen für die Entwickelungshemmung nur die Concentration des giftigen Stoffes in Frage kommt, wird diese überschritten, so hört das Wachsthum der Bakterien innerhalb gewisser Grenzen auf. Diese Concentration ist für dasselbe Desinficiens bei den verschiedenen Bakterienarten sehr verschieden und schwankt auch bei denselben Individuen sehr bedeutend, je nach der Zusammensetzung des Nährbodens, der Temperatur, dem Feuchtigkeitsgrad, dem Alter der Culturen etc. Bringen wir dagegen die Milzbrandbacillen in eine wässerige Sublimatlösung, lassen sie eine gewisse Zeit lang darin liegen und übertragen sie dann nach sorgfältigster Entfernung des Sublimats auf einen geeigneten Nährboden, so gedeihen sie nicht, auch wenn wir ihnen die günstigsten Wachsthumsbedingungen geben. Die Bakterien sind abgetödtet. Das Eintreten dieses Effectes hängt von zwei Factoren ab: von der Concentration der Sublimatlösung und von der Dauer ihrer Einwirkung. Mit einer schwachen Sublimatlösung können wir die Abtödtung ebenso gut bewirken, wie mit einer starken, nur müssen wir die schwächere entsprechend länger auf die Mikroorganismen einwirken lassen; die schwächere Concentration können wir also durch die Dauer der Einwirkung compensiren. Es besteht demnach ein principieller Unterschied zwischen Entwickelungshemmung und bakterientödtender Wirkung: bei der entwickelungshemmenden Wirkung kommt im Allgemeinen die Zeit der Einwirkung nicht in Betracht, es ist vielmehr nur die Concentration des wirksamen Stoffes maassgebend, dagegen hängt die keimtödtende Wirkung einer Lösung sowohl von der Concentration des wirksamen Stoffes, als auch von der Zeit der Einwirkung ab. Wir können daher nicht ohne weiteres aus der bakterientödtenden Kraft eines Desinficiens einen Rückschluss auf seine entwickelungshemmende Wirkung ziehen und umgekehrt. Immerhin hat die Erfahrung gelehrt, dass ein Stoff, welcher die Bakterien in kurzer Zeit abtödtet, auch stark entwickelungshemmend wirkt, doch ist hierbei stets in Betracht zu ziehen, dass viele Stoffe (und zu diesen gehören u. a. die umfangreiche Klasse der Salze der Schwermetalle und die starken Oxydationsmittel: Chlor, Brom, Jod, Kaliumpermanganat etc.) durch die im Nährboden enthaltenen Substanzen so tiefgreifende Umwandlungen erleiden können, dass ihr chemischer Charakter gegenüber dem in wässeriger Lösung vollkommen verändert wird. So tödtet z. B. das Chlorwasser auch die resistentesten Milzbrandsporen innerhalb weniger Minuten ab, während es als entwickelungshemmendes Mittel ganz unbrauchbar ist, da das Chlor die organischen Substanzen der Nährböden sehr energisch oxydirt und dabei in indifferente Verbindungen übergeht. Andererseits ist die bakterientödtende Wirkung complexer Metallsalze wie z. B. der complexen Cyanide des Silbers und Quecksilbers und der Silber- und Kupferammoniakverbindungen nur sehr gering, während diese Verbindungen auch noch in sehr grossen Verdünnungen eine mächtige entwickelungshemmende Wirkung entfalten. Mit Rücksicht auf diese Verhältnisse soll in diesem Entwurf ausschliesslich die Werthbestimmung der chemischen Desinfectionsmittel in Bezug auf ihre keimtödtende Wirkung behandelt werden. Wir wollen nun dazu übergehen, den Maassstab festzulegen, den man bei der Beurtheilung der keimtödtenden Wirkung anlegen soll, und die näheren Bedingungen zu besprechen, welche bei der experimentellen Ausführung der Prüfung eingehalten werden müssen.

3. Nach welchen Grundsätzen ist die Werthbestimmung eines chemischen Desinfectionsmittels auszuführen?

Der Weg, den wir hierbei einzuschlagen haben, ist schon durch zahlreiche Untersuchungen vorgezeichnet. Man bringt eine gewisse Anzahl Bakterien einer bestimmten Art in die Desinfectionslösung und untersucht, wie viele Individuen sich nach verschiedenen Zeitabschnitten noch lebensfähig erweisen und nach welcher Zeit sämmtliche Keime abgetödtet sind. Dieses Verfahren führt aber auch unter Beobachtung der gleichen Versuchsbedingungen zu verschiedenen Resultaten, weil die Widerstandsfähigkeit der Bakterien derselben Species auch dann noch sehr erheblich schwankt, wenn sie unter gleichen Culturbedingungen gezüchtet werden, und weil sogar Individuen derselben Cultur sich je nach ihrem Alter und der Art der Aufbewahrung sehr verschieden verhalten. Das Ergebniss der Prüfung richtet sich demnach ganz nach dem jeweiligen Grad der Widerstandsfähigkeit der benutzten Bakterien, und dementsprechend sind auch die auf diese Weise ermittelten Angaben zu beurtheilen. Früher, als man das verschiedene Verhalten der Mikroorganismen in dieser Beziehung noch nicht genügend kannte, pflegte man dies Verfahren allgemein anzuwenden, und auch heute noch begegnet man öfters Angaben, wie z. B. Milzbrandsporen werden in einer 2proc. Lösung innerhalb von 10 Minuten abgetödtet. Solche Bestimmungen haben nur qualitativen Werth, und können für eine quantitative Werthbestimmung nicht benutzt werden. Es ist deshalb nothwendig, die oben angegebene Prüfung nicht nur mit dem fraglichen Desinfectionsmittel auszuführen, sondern auch gleichzeitig Bakterien derselben Cultur und gleichen Alters der Einwirkung bekannter Desinfectionsmittel auszusetzen, um damit einen Maassstab für die

Resistenz der benutzten Mikroorganismen zu gewinnen. Aus später zu erörternden Gründen wählt man hierzu am besten ein chemisch verwandtes Desinfectionsmittel, wie z. B. für Quecksilbersalze das Quecksilberchlorid, für Silbersalze das salpetersaure Silber, für Phenole und Kresole die Karbolsäure, für Säuren und Basen die Salzsäure und die Kalilauge etc. Da das Sublimat in der Desinfectionspraxis eine sehr grosse Rolle spielt, stellt man neben dem eben erwähnten Vergleichsdesinficiens ähnlicher chemischer Zusammensetzung bei allen Werthbestimmungen auch noch vergleichende Versuche mit Sublimatlösungen an. Mit Hülfe der auf diese Weise erhaltenen Resultate vermag dann jeder Sachverständige unter Berücksichtigung der sonstigen specifischen Eigenschaften des betreffenden Desinfectionsmittels, wie z. B. Löslichkeit in Wasser, Verhalten zu Eiweissstoffen und zu Metallen, Geruch, Flüchtigkeit etc. sich ein ungefähres Bild von der Brauchbarkeit und dem Werth desselben zu machen, welches dann nur noch durch die Untersuchung der Entwickelungshemmung zu vervollständigen ist.

Es handelt sich nun darum, die Bedingungen festzustellen, welche bei der Ausführung der Desinfectionsversuche eingehalten werden müssen, um direct vergleichbare Resultate zu erhalten. Im Anschluss an die in der Litteratur über diesen Gegenstand schon vorliegenden Angaben haben B. Krönig und Th. Paul[6]) folgende Forderungen als unbedingt nothwendig befunden:

1. Die für eine vergleichende Versuchsreihe benutzten Bakterien müssen gleiche Widerstandsfähigkeit haben.

2. Die Anzahl der zu den einzelnen Versuchen verwendeten Bakterien muss annähernd die gleiche sein.

3. Die Bakterien müssen in die desinficirenden Lösungen gebracht werden, ohne dass etwas von dem Nährsubstrat, auf dem sie gezüchtet wurden, mit übertragen wird.

---

[6]) Diese Versuchsbedingungen, wie auch viele der später folgenden eingehenden Angaben über die Versuchsanordnung sind der ausführlichen Abhandlung entnommen: B. Krönig und Th. Paul, Die chemischen Grundlagen der Lehre von der Giftwirkung und Desinfection. Zeitschrift für Hygiene und Infectionskrankheiten 25, 1 (1897).

4. Die Desinfectionslösungen müssen während der Einwirkung stets die gleiche Temperatur haben.

5. Nach der Einwirkung der desinficirenden Mittel müssen die Bakterien wieder möglichst vollständig von diesen befreit werden.

6. Die Bakterien müssen, nachdem sie der Einwirkung der desinficirenden Lösungen ausgesetzt wurden, auf gleichen Mengen desselben günstigen Nährbodens bei gleicher Temperatur, wenn möglich beim Optimum, zum Wachsthum gebracht werden.

7. Die Zahl der noch entwickelungsfähig gebliebenen Bakterien muss nach Ablauf derselben Zeit festgestellt werden. Aus diesem Grunde können nur feste Nährböden benutzt werden.

8. Handelt es sich um wissenschaftliche Untersuchungen, dürfen die Concentrationen der Lösungen nicht nach Gewichtsprocenten verglichen werden, sondern es müssen äquimoleculare Mengen der betreffenden Stoffe zur Anwendung kommen.

Betreffs der ausführlichen Begründung und Erläuterungen zu diesen Forderungen verweise ich auf die schon mehrfach erwähnte Abhandlung (Seite 3 ff.), doch sollen bei Besprechung der näheren Versuchsbedingungen des besseren Verständnisses wegen auch hier einige erläuternde Angaben Platz finden.

4. Versuchsanordnung bei Prüfung der bakterientödtenden Wirkung chemischer Desinfectionsmittel nach der Methode von B. Krönig und Th. Paul.

Princip dieser Versuchsanordnung. Von den Bakterien wird eine wässerige Aufschwemmung bereitet und diese nach dem Filtriren an sorgfältig gereinigte böhmische Tarirgranaten gleicher Grösse angetrocknet. Eine gewisse Menge dieser mit Bakterien beschickten Granaten bringt man in die auf einer bestimmten Temperatur gehaltene Desinfectionslösung, nimmt eine bestimmte Anzahl derselben nach verschiedenen passend gewählten Zeitabschnitten heraus, und befreit sie durch Behandeln mit geeigneten Chemikalien vom anhängenden Desinficiens. Nach nochmaligem Abspülen mit Wasser werden die Granaten in Reagensgläschen energisch mit etwas Wasser geschüttelt, wobei die Bakterien von den Granaten losgelöst werden, hierauf mischt man die so erhaltene wässerige Bakterienaufschwemmung mit einem geeigneten fest werdenden Nährboden, giesst in Petri'sche Schaalen aus und stellt nach gewissen Zeitabschnitten die Zahl der bei einer bestimmten Temperatur entwickelten Colonien fest.

Bezüglich der Wahl der Bakterien ist Folgendes zu bemerken. Man ermittelt zunächst durch einige Vorversuche, zu welcher Classe von Desinficientien der fragliche Stoff gehört, ob er innerhalb eines nicht zu langen Zeitraumes (bis zu einigen Tagen) Sporen, d. h. die Dauerformen der Bakterien abzutödten vermag, oder ob sich seine Wirkung nur auf die vegetativen Formen erstreckt. Die Widerstandsfähigkeit der Bakterien in diesen beiden Zuständen ist bekanntlich ausserordentlich verschieden; während der Dauer ihres Wachsthums und Vermehrung, also in ihren vegetativen Formen, sind sie sehr empfindlich gegen äussere Einflüsse und Giftstoffe, die Sporen sind dagegen sehr widerstandsfähig. So sind Sporen beobachtet worden, die nach stundenlangem Verweilen in flüssiger Luft (bei ca. — 190° C.), sowie in strömendem Wasserdampf noch auskeimten. Ich habe wiederholt Milzbrandsporen gezüchtet, die noch entwickelungsfähig blieben, nachdem sie 25 Minuten in wässeriger 2procentiger Quecksilberchloridlösung gelegen hatten. Die Zählebigkeit der Sporen ist es besonders, welche die Desinfection der Gebrauchsgegenstände so sehr erschwert; dieselbe Eigenschaft ist es aber auch, welche es ermöglicht, vergleichende Versuche mit starkwirkenden Desinfectionsmitteln in grösseren Concentrationen anzustellen. Da die vegetativen Formen nach dem Antrocknen an die Granaten meist schon nach einigen Tagen absterben, müssen diese öfters von neuem mit Bakterien beschickt werden, was nicht nur ziemlich zeitraubend ist, sondern auch immer neue Vorversuche zur Prüfung der Widerstandsfähigkeit nöthig macht. Ferner darf nicht unerwähnt bleiben, dass die vegetativen Formen der Bakterien oft sehr empfindlich gegen einen plötzlichen Wechsel des osmotischen Druckes der sie umgebenden Flüssigkeiten sind, so dass sie innerhalb kurzer Zeit zu Grunde gehen, wenn sie aus

Bouillon in reines Wasser oder in eine concentrirtere indifferente Salzlösung gebracht werden. Wenn es irgend angängig ist, soll man deshalb die Werthbestimmung der Desinfectionsmittel mit Sporen ausführen, deren Resistenz durch das Austrocknen nur wenig leidet beim Aufbewahren im Eisschrank erst nach Wochen allmählich sinkt und innerhalb eines Zeitabschnittes von einigen Tagen als constant angenommen werden kann. Ausserdem haben B. Krönig und ich durch besondere Versuche mit verschiedenen Desinfectionsmitteln dargethan, dass die mit Sporen gewonnenen Resultate auf die vegetativen Formen übertragen werden können, da die Desinficientien dieselbe Reihenfolge in Bezug auf ihre keimtödtende Wirkung beibehalten, gleichgültig, ob sie auf Sporen oder vegetative Formen zur Einwirkung gelangen. Wie ich ferner in jüngster Zeit nachweisen konnte, bleiben die Verhältnisse dieselben, wenn man die Versuche mit frischen Bakterienaufschwemmungen oder mit den an die Granaten angetrockneten Bakterien ausführt. Dieser Umstand ist deshalb sehr wichtig, weil das Arbeiten mit frischen Bakterienaufschwemmungen mit so vielen Schwierigkeiten verknüpft ist, dass ihre Benutzung zu einer praktischen Prüfungsmethode fast ganz ausgeschlossen ist; denn abgesehen davon, dass jede Bakterienaufschwemmung in Folge des Filtrirens im gleichen Volum eine sehr verschiedene Anzahl von Individuen enthält, Letztere ausserdem sehr verschiedene Widerstandsfähigkeit besitzen, so dass sich zahlreiche Vorprüfungen und öftere Wiederholungen der Versuche nöthig machen, gelingt es nicht, die Bakterien auf die Nährböden zu bringen, ohne dass ein Theil des Desinficiens bez. der zur Unschädlichmachung desselben benutzten Chemikalien mit übertragen wird. Wie Geppert nachgewiesen hat, können aber ausserordentlich kleine Mengen derartiger Verunreinigungen die Weiterentwickelung der zwar geschwächten, aber entwickelungsfähig gebliebenen Bakterien verhindern und einen Desinfectionserfolg vortäuschen. Die an den Granaten angetrockneten Bakterien sind, wie B. Krönig und ich durch ausserordentlich zahlreiche Versuche bewiesen haben, für die Desinfectionslösung vollkommen zugänglich und haften doch so fest, dass sich nur verhältnissmässig wenige beim Verweilen in diesen Flüssigkeiten und beim Waschprocess loslösen. Ausserdem ist die Zahl der auf diese Weise verloren gehenden Bakterien durchschnittlich dieselbe, so dass das procentuarische Verhältniss keine Änderung erleidet. Andererseits wird durch anhaltendes kräftiges Schütteln mit Wasser der grösste Theil der angetrockneten Bakterien und auch hier immer wieder derselbe Procentsatz von den Granaten losgesprengt und im Schüttelwasser vertheilt. Die sorgfältig präparirten Tarirgranaten haben vor den Glas- und Porzellanplättchen oder -Perlen und den Metallkügelchen den grossen Vorzug, dass sie beim Einbringen in die Desinfectionslösungen sofort gleichmässig besetzt werden.

Schliesslich noch einige Worte über die Wahl der zur Prüfung der Desinfectionsmittel zu verwendenden Bakterien. Zu den Versuchen mit den vegetativen Formen wählt man am besten den Staphylococcus pyogenes aureus, weil er als Eitererreger bei der Wundinfection eine bedeutende Rolle spielt und als Typus dieser Art von Mikroorganismen aufgefasst werden kann; ferner ist bei ihm noch keine Sporenbildung beobachtet worden, und ausserdem ist er stets sehr leicht zu beschaffen. Als Dauerform hat sich am besten die Spore des Milzbrandbacillus (Bacillus anthracis) bewährt, welche im Vergleich zu den Sporen anderer Bakterienarten eine mittlere Resistenz gegen Desinficientien besitzt und auf den gebräuchlichen Nährböden bei Bluttemperatur sehr gut gedeiht. Sie wurde wegen dieser Eigenschaften auch schon von Robert Koch bei seinen classischen Desinfectionsversuchen benutzt. Der Milzbrandbacillus bildet ferner auf den festen Nährböden, welche hier nur in Frage kommen können, sehr charakteristische Colonien, die leicht von anderen zufällig hinzugekommenen Keimen unterschieden werden können, und ausserdem breiten sich die Milzbrandcolonien nur so langsam aus, dass es noch nach 24 Stunden gelingt, auf der Fläche einer Petri'schen Schaale von ca. 65 qcm 6000 Colonien mit der Lupe und einem Wolffhügel'schen Apparat zu zählen. Schliesslich lässt sich der Milzbrandbacillus gegebenen Falls sehr bequem zum Thierexperiment verwenden. Der einzige Nachtheil, welcher den beiden genannten Bakterienarten anhaftet und besonders für die Milzbrandspore in Betracht kommt, ist ihre Pathogenität für den Menschen. Die Gefahr lässt sich aber leicht beseitigen, wenn man sich daran gewöhnt, wie dies ja ohnehin bei

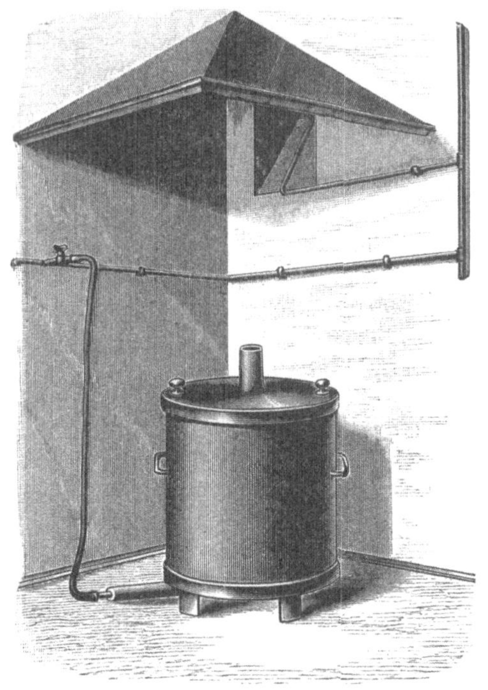

Fig. 1.
Apparat nach B. Krönig und Th. Paul zur Sterilisirung von Laboratoriumsgeräthen bei Versuchen mit pathogenen Mikroorganismen.
(Totalansicht.)

allen bakteriologischen Arbeiten vorgeschrieben ist, alle Geräthe ohne Ausnahme nach dem Gebrauch $^1/_2$ bis 1 Stunde mit einer halbprocentigen wässerigen Sodalösung auszukochen. Werden solche Werthbestimmungen in grösserer Anzahl ausgeführt, so empfiehlt sich die Benutzung des von B. Krönig und Th. Paul[7])

[7]) B. Krönig und Th. Paul, Ein Apparat zur Sterilisirung von Laboratoriumsgeräthen bei Versuchen mit pathogenen Mikroorganismen. Münchener medicin. Wochenschrift No. 46 (1899).

construirten Apparates zur Sterilisirung von Laboratoriumsgeräthen, von dem Fig. 1 eine Totalansicht und Fig. 2 einen Verticalschnitt zeigt, und in welchem gleichzeitig Schaalen und Reagensgläser mit Culturen, zerbrechliche Glasgeräthe und massivere Gegenstände durch Auskochen mit halbprocentiger wässeriger Sodalösung keimfrei gemacht werden können, ohne ein Zerbrechen durch die wallende Bewegung des siedenden Wassers befürchten zu müssen. Da auch die Aussenwände des Behälters mit den zu sterilisirenden

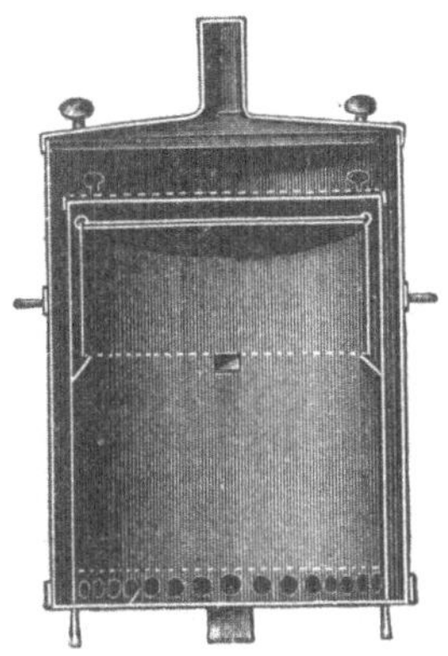

Fig. 2.

Apparat nach B. Krönig und Th. Paul zur Sterilisirung von Laboratoriumsgeräthen bei Versuchen mit pathogenen Mikroorganismen.

(Vertikalschnitt.)

(Die obere Abtheilung des herausnehmbaren Einsatzgefässes dient zur Aufnahme der Reagensgläser und anderer kleiner Geräthe. In die untere geräumigere Abtheilung werden die Petri'schen Schaalen, Glaskolben und grössere Gegenstände gebracht.)

Gegenständen von der siedenden Sodalösung umspült werden, kann dieser nach beendeter Sterilisation mit seinem Inhalt in beliebige Arbeitsräume gebracht und dort ohne jede Infectionsgefahr gereinigt werden.

Zubereitung der mit Bakterien beschickten Tarirgranaten. Zur Erzielung von 50 ccm wässeriger Bakterienaufschwemmung hat man ungefähr 15 auf schrägerstarrten Agarröhrchen angelegte Reinculturen nöthig. Die Staphylococcenculturen verwendet man, nachdem sie 1—2 Tage im Brutschrank bei ca. 37,5^0 gestanden haben. Die Milzbrandculturen, zu deren Anlegung man am besten eine frische, aus der Milz einer unmittelbar vorher an Milzbrand gestorbenen Maus gewonnene Reincultur benutzt, hält man 3 Tage lang bei ca. 24 ^{0} C., um die Bildung von Sporen zu veranlassen. Auch Kartoffelscheiben eignen sich zur Cultur sehr gut, nur hat man Sorge zu tragen, dass die den Kartoffeln häufig anhängenden äusserst resistenten Sporen gewisser Erdbakterien durch wiederholtes Sterilisiren abgetödtet werden. Die Zubereitung der Bakterienemulsion geschieht in der Weise, dass man 2—3 Tropfen steriles destillirtes Wasser über die Oberfläche der Cultur fliessen lässt, den Bakterienbelag mittels steriler Platinöse mit dem Wasser verreibt und den so erhaltenen dünnen Brei mit ein wenig Wasser in einen Schüttelcylinder spült, wobei sorgfältig darauf zu achten ist, dass möglichst wenig Nährboden in die Emulsion gelangt. Nachdem die Bakterienaufschwemmung auf das gewünschte Volum verdünnt worden ist, schüttelt man einige Minuten gut durch und filtrirt durch ein im Dampfapparat auf dem Glastrichter sterilisirtes und kurz vorher mit sterilem Wasser angefeuchtetes Filter. Es versteht sich von selbst, dass man zu allen diesen, wie auch den folgenden Arbeiten nur sterilisirte Geräthe, sterilisirtes destillirtes Wasser und andere sterilisirte Flüssigkeiten, soweit diese nicht an und für sich steril sind, benutzen darf. Zum Aufbewahren und zur Entnahme sterilisirter Flüssigkeiten bedient man sich am besten der in Fig. 3 abgebildeten Vorrichtung, bei welcher die durch einen Quetschhahn verschliessbare Ausflussöffnung durch einen Überfangcylinder vor Verunreinigungen geschützt ist, während die nachströmende Luft durch einen mit Watte gefüllten Cylinder sterilisirt wird. Der ganze Apparat nebst Inhalt wird, sofern die betreffenden Flüssigkeiten nicht darunter Schaden leiden, im Dampfapparat sterilisirt, und ist es im Interesse der Haltbarkeit angezeigt, statt der in der Figur abgebildeten Standflasche dünnwandige Kochflaschen oder Erlenmeyer'sche Kolben zu verwenden. Im anderen Falle werden Apparat und Flüssigkeit getrennt sterilisirt.

Die im Handel vorkommenden rohen böhmischen Tarirgranaten, an welche die Bakterien angetrocknet werden sollen, haben in der Regel sehr verschiedene Grösse und enthalten ausserdem allerlei Verunreinigungen, von denen sie zuvor befreit werden müssen. Zunächst sucht man mittels zweier passender Siebe Granaten möglichst gleicher Grösse aus; dabei kommt es auf die absoluten Maasse gar nicht an, sondern nur darauf, dass sie unter einander gleich gross sind. Gesteinsreste, welche durch ihre Farbe kenntlich sind, werden ausgelesen, zur Befreiung von anhaftendem Staub und säurelöslichen Verbindungen (kohlensaure Salze, Eisenverbindungen etc.) werden sie wiederholt mit einer Mischung aus 1 Volum roher concentrirter Salzsäure und 3 Volumina Wasser ausgekocht, anhaltend mit Wasser geschüttelt, bis dieses vollkommen klar abläuft, dann mit Alkohol, Äther und wiederum Alkohol unter Umschütteln gewaschen, mit destillirtem Wasser abgespült, an einem staubfreien Ort getrocknet und schliesslich in einem Erlenmeyer'schen Kölbchen durch halbstündiges Erhitzen auf ca. 200° C. sterilisirt. Diese so vorbereiteten Granaten, welche sich beim Eintauchen in Wasser sofort gleichmässig benetzen sollen und deshalb sorgfältig vor jeder Berührung mit fettigen Stoffen bewahrt werden müssen, werden in einem Schüttelcylinder mit der filtrirten wässerigen Bakterienaufschwemmung geschüttelt, worauf man die überschüssige Flüssigkeit auf einem enghalsigen Trichter, der mit einer flachen Glasschaale bedeckt wird, gut abtropfen lässt. Das Trocknen geschieht am zweckmässigsten in dem von B. Krönig und Th. Paul hierzu construirten Apparat (Fig. 4). Er besteht

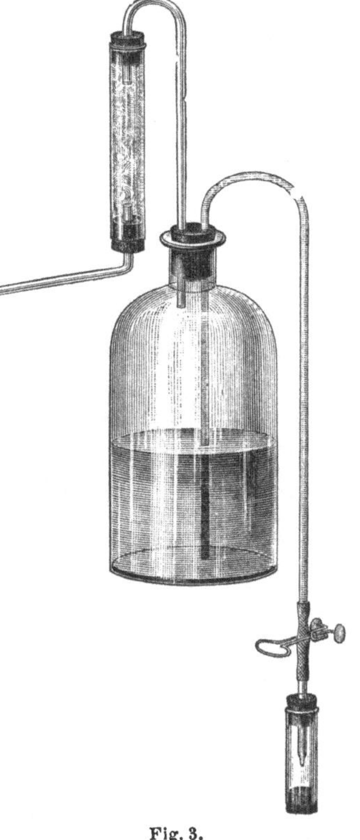

Fig. 3.
Flasche mit Watteverschluss und Hebervorrichtung zum Aufbewahren und zur Entnahme steriler Flüssigkeiten.

aus einem inneren flachen rechteckigen Kasten aus Nickelblech von 28 cm Länge, 17 cm Breite und 9 cm Tiefe, der mit einem Siebboden aus Nickeldrahtnetz versehen ist und zur Aufnahme der Granaten dient. Um gleichzeitig zwei verschiedene Sorten Granaten trocknen zu können, ist der Kasten der Länge nach in zwei Abtheilungen getheilt. Dieser Kasten steht innerhalb eines geräumigen, mit gut schliessendem Überfangdeckel versehenen Blech-

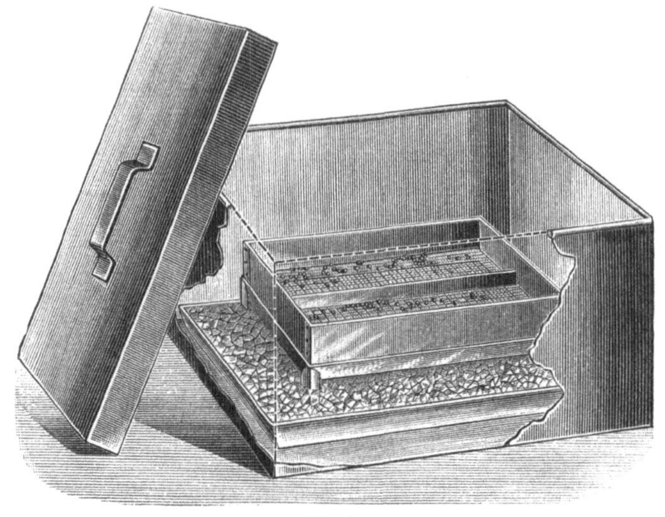

Fig. 4.

Apparat nach B. Krönig und Th. Paul
zum Trocknen der mit wässriger Bakterienemulsion benetzten Tarirgranaten.
(ca. 1/7 der natürl. Grösse.)
(Der innere mit einem Siebboden aus Nickeldrahtnetz versehene Kasten dient zur Aufnahme der Granaten und steht in einer flachen Schaale, in welcher sich gekörntes entwässertes Chlorcalcium befindet.)

gefässes aus Zink in einer flachen Schaale mit gekörntem entwässertem Chlorcalcium. Während des Trocknens, welches ca. 12 Stunden in Anspruch nimmt, wird der Apparat in den Eisschrank gestellt. Das Sterilisiren des inneren Kastens geschieht durch directes Erhitzen mit einem Bunsenbrenner; zu diesem Zwecke sind seine einzelnen Theile durch Nieten unter Vermeidung jeder Löthstelle verbunden. Der äussere Kasten wird im Anfang und beim Wechsel der Bakterienarten längere Zeit ausgekocht und durch gelindes Erwärmen mit einem Brenner getrocknet. Die trockenen Granaten werden in sterilisirte Gläser mit eingeschliffenen Stopfen gebracht, über welche zur Abhaltung des Staubes eine Glaskappe gestülpt wird, und dauernd im Eisschrank aufbewahrt. Bei der niederen Temperatur und vor Licht geschützt behalten die Milzbrandsporen ziemlich lange ihre Widerstandsfähigkeit gegen Desinficientien; erst allmählich geht diese zurück, und nach Ablauf mehrerer Monate beträgt sie nur einen Bruchtheil der ursprünglichen. Bei Zimmertemperatur verläuft dieser Process bedeutend schneller. Die mit Staphylokokken beschickten Granaten müssen trotz der Aufbewahrung im Eisschrank innerhalb weniger Tage aufgebraucht werden.

Ausführung des Desinfectionsversuches. Wie schon oben bemerkt wurde, muss die Temperatur der Desinfectionslösungen während der Einwirkung auf die Bakterien constant erhalten werden. Da die Desinfectionsprocesse in der Praxis im Allgemeinen bei Zimmertemperatur vor sich gehen, ist es zweckmässig, sämmtliche Versuche bei + 18° C. auszuführen und diese Temperatur innerhalb 1—2 Zehntelgrade einzuhalten, damit die Resultate direct mit einander verglichen werden können. Hierzu werden die Lösungen in starkwandigen (um das Herumschwimmen und Umfallen der nur theilweise gefüllten Schaalen zu verhindern) Glasschaalen mit aufgeschliffenem Deckel von ca. 3,5 cm Höhe und 7 cm Durchmesser in einen Thermostaten nach Wilh. Ostwald[8]) gebracht, dessen Einrichtung aus Fig. 5 ersichtlich ist. In einem runden mit Wasser gefüllten emaillirten Blechgefäss von ca. 30 cm Höhe und 35 cm Durchmesser befindet sich ca. 2 cm unter der Oberfläche des Wassers ein Siebboden zur Aufnahme der die Desinfectionslösungen enthaltenden Schaalen. Die Erwärmung des Apparates geschieht mittels einer kleinen Gasflamme, deren Gaszufuhr durch einen W. Ostwald'schen Thermoregulator geregelt wird. Damit

[8]) W. Ostwald, Hand- und Hülfsbuch zur Ausführung physikochemischer Messungen. Leipzig 1893. Seiten 66 und 70.

Dieser Thermostat wie auch die anderen in dieser Abhandlung beschriebenen Apparate werden von der Firma Dr. Hermann Rohrbeck, Berlin NW., Karlstrasse 20a, angefertigt und vorräthig gehalten.

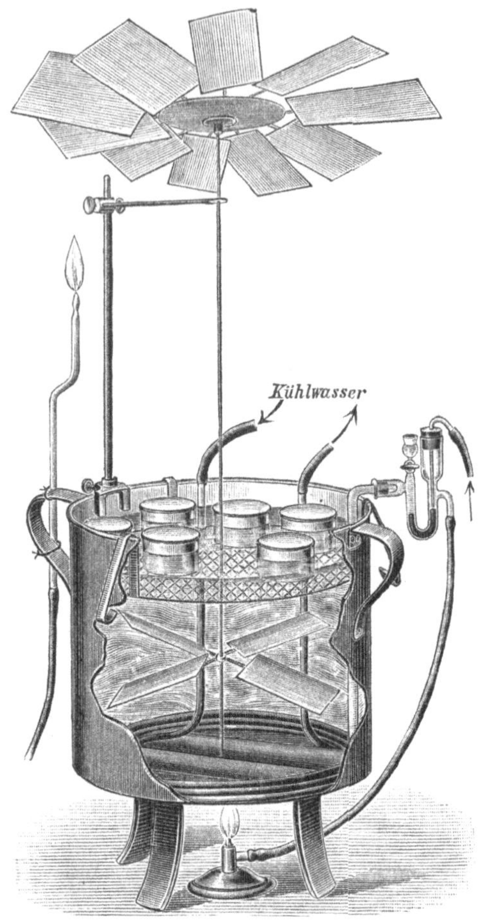

Fig. 5.

Thermostat nach Wilh. Ostwald, in welchem die Temperatur der Desinfectionslösungen während der Einwirkung auf die Bacterien bei 18° C. gehalten wird.

(ca. $^1/_8$ der natürlichen Grösse.)

(Die von der oberen Flamme aufsteigende warme Luft bewegt die aus Glimmerplättchen oder kleinen japanischen Papierfächern bestehenden Windmühlenflügel, wodurch ein im Wasser befindliches schiffsschraubenähnliches Flügelrad in Rotation versetzt und das Wasser in steter Bewegung erhalten wird. Die Gaszufuhr wird durch einen W. Ostwald'schen Thermoregulator geregelt.)

die Temperatur überall die gleiche ist, ist im Wasser eine Rührvorrichtung angebracht, aus einem schiffsschraubenähnlichen Flügelrad bestehend, welches durch kleine von dem aufsteigenden Luftstrom einer Gasflamme getriebene Windmühlenflügel in rotirende Bewegung versetzt wird. Da im Sommer die Zimmertemperatur oft über 18° C. liegt, befindet sich einige Centimeter über dem Boden des Wasserbehälters ein Schlangenrohr aus Blei, welches mit der Wasserleitung in Verbindung gesetzt wird. Während die Desinfectionslösungen im Thermostaten die Versuchstemperatur annehmen, was ca. 20—30 Minuten in Anspruch nimmt, zählt man mittels einer mit Platinarmen versehenen Pincette (Fig. 6) die für jede Lösung nöthige Anzahl Granaten in kleine mit übergreifenden Deckeln versehene Glasschälchen von ca. 2—3 cm Durchmesser ab. Zur festgesetzten Zeit werden die Granaten aus diesen Schälchen in die Lösungen geschüttet, und hierauf bringt man je 30 Stück derselben (siehe unten) innerhalb der Lösung mit der Pincette auf kleine Platinsiebchen (Fig. 7) von ca. 2 cm Länge und 2 cm Breite, welche aus dünnem durchlochtem Platinblech hergestellt und mit einem Henkel aus Platindraht versehen sind. Die Granaten dürfen nicht auf diesen Platinsiebchen in die Lösungen gebracht werden, weil sonst sehr leicht Lufträume zwischen den Granaten erhalten bleiben, welche die unbedingt erforderliche gleichmässige Benetzung derselben mit den Desinfectionslösungen verhindern.

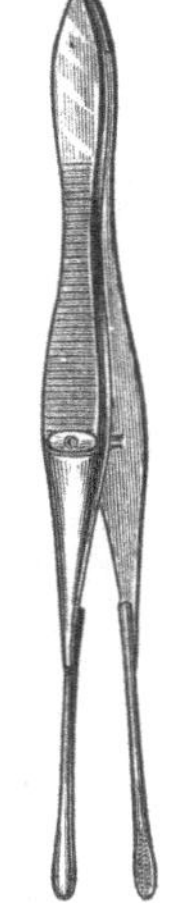

Fig. 6.
Pincette mit Platinarmen zum Anfassen der in den Desinfectionslösungen liegenden, mit Bacterien beschickten Tarirgranaten.
(1/2 der natürl. Grösse.)

Die Unschädlichmachung der Desinfectionsmittel. Nach Ablauf der bestimmten Zeit[9]) werden die Siebchen mit den

[9]) Für die Zeitbestimmungen eignen sich sehr gut die sogenannten „Rennuhren“ mit Secunden- und Minuteneintheilung, welche von jeder grösseren Uhrenhandlung (u. A. bei L. Döring, Leipzig, Grimmaische Str. 27) ziemlich wohlfeil bezogen werden können.

Granaten aus den Lösungen herausgehoben und in einem oder zwei Schälchen mit ca. 15 ccm Wasser oder einer anderen geeigneten Flüssigkeit abgespült; dann werden die Granaten in Schalen geschüttet, welche das zur Unschädlichmachung des Desinfectionsmittels nothwendige Reagens enthalten. Da in der Regel erst das Einbringen der Bakterien in dieses Reagens der Einwirkung des Desinficiens eine Grenze setzt, ist die Desinfectionsdauer bis dahin zu rechnen. Auf die Unschädlichmachung des Desinfectionsmittels ist, wie schon oben angedeutet wurde, grosse Sorgfalt zu verwenden, da schon sehr kleine Mengen des auf den Nährboden übertragenen Desinfectionsmittels im stande sind, die durch den Desinfectionsprocess geschwächten Bakterien am Auskeimen zu verhindern. Besonders gilt dies für Quecksilber-, Silber- und Kupferverbindungen, Formaldehyd, Phenole etc. Ein grosser Theil der bis zur Entdeckung dieser Thatsache (1889) angestellten Desinfectionsversuche ist dadurch ziemlich werthlos geworden und das Gleiche gilt für die seit jener Zeit unter Ausserachtlassung dieser Maassregeln angestellten Untersuchungen. Zur Unschädlichmachung der Salze von Schwermetallen steht uns ein vorzügliches Hülfsmittel im Schwefelammonium zur Verfügung, welches auch in grossen Verdünnungen die ausserordentlich schwer löslichen Metallsulfide erzeugt. Dabei hat das Schwefelammonium noch den Vorzug, dass es in entsprechender Verdünnung auch gegen die vegetativen Formen sehr indifferent ist, wie B. Krönig und Th. Paul durch besondere Versuche nachgewiesen haben. Für Versuche mit Sporen kann man unbedenklich eine 3proc. Lösung des, aus dem officinellen Liquor ammonii causticus (= 10 Proc. NH_3) durch Einleiten von Schwefelwasserstoff bereiteten, Schwefelammoniums benutzen, bei vegetativen Formen geht man auf 3 pro Mille herab. Basen

Fig. 7.
Platinsiebchen, auf welchem die mit Bacterien beschickten Tarirgranaten aus den Desinfectionslösungen herausgehoben und mit Wasser abgespült werden.
(Natürliche Grösse.)

lassen sich sehr gut mit verdünnter Essigsäure, Säuren mit verdünntem Ammoniak neutralisiren, und ist diesen Stoffen unbedingt der Vorzug vor verdünnter Salzsäure bez. Kali- oder Natronlauge zu geben, da die schädliche Wirkung derselben fast ausschliesslich von der Concentration der Wasserstoff- bez. Hydroxylionen abhängt, und diese in den Lösungen jener Stoffe ca. 100 mal kleiner ist, wie in denen der letztgenannten. Chlor und Brom können mit verdünntem Ammoniak, Jod mit wässeriger Natriumthiosulfatlösung unschädlich gemacht werden. Leider kennen wir für verschiedene Desinfectionsmittel noch keine Reagentien, welche sie momentan in unschädliche Verbindungen überführen. So wird z. B. das Formaldehyd CH_2O durch Ammoniak nur allmählich in Hexamethylenamin $(CH_2)_6N_4$ übergeführt sowie durch angesäuerte Kaliumpermanganatlösungen nur langsam oxydirt, und für die Carbolsäure haben wir überhaupt kein geeignetes Reagens, welches schwer lösliche oder andere unschädliche Verbindungen erzeugte; die Überführung in das schwer lösliche Tribromphenol ist wegen der überaus giftigen Wirkung des Bromwassers vollkommen ausgeschlossen. In letzterem Falle leistet verdünntes Ammoniak noch die besten Dienste, da dann das Phenol nur sehr wenig giftig wirkt und ausserdem mit Wasser ziemlich vollständig ausgewaschen werden kann. Unter allen Umständen ist die Forderung zu erfüllen, dass die zur Unschädlichmachung der Desinfectionsmittel benutzten Reagentien möglichst indifferent sein müssen, und dass hierfür der Beweis stets durch besondere Versuche zu erbringen ist. Für die Auswahl solcher Stoffe ist vielleicht der Hinweis nicht ohne Werth, dass die Säuren im Allgemeinen für Sporen und vegetative Formen viel giftiger sind, wie die Basen. Wie weit es überhaupt gelingt, der Desinfectionswirkung in ihrem ganzen Umfange Einhalt zu thun, müssen wir zur Zeit dahin gestellt sein lassen[10]).

[10]) Vergl. den Abschnitt: „Aufhebung der Desinfectionswirkung“ in der Abhandlung von B. Krönig und Th. Paul, Die chemischen Grundlagen der Lehre von der Giftwirkung und Desinfection. Zeitschrift für Hygiene und Infectionskrankheiten 25, 1 (1897) Seite 34 ff.

Die Übertragung der Bakterien auf den Nährboden. Im Allgemeinen wird ein 10 Minuten langes Verweilen der Bakterien in der die Reagentien enthaltenden Flüssigkeit genügen, die Unschädlichmachung des Desinficiens zu bewirken, so dass die Granaten nach Ablauf dieser Zeit zum Abspülen der Reagentien in Schaalen mit destillirtem Wasser übertragen werden können, in denen sie ebenfalls 10 Minuten lang liegen bleiben, um dann zu je 5 Stück in graduirte Probierröhrchen (Fig. 8) mit 3 ccm Wasser gebracht zu werden. Sämmtliche Probierröhrchen der Versuchsreihe werden hierauf gleichzeitig in einem Drahtkörbchen 3 Minuten lang energisch geschüttelt, wobei man Sorge tragen muss, dass das Wasser nicht an den Wattepfropfen spritzt, da es von diesem aufgesaugt wird und dadurch zahlreiche Bakterien dem Versuch entzogen werden können. Zu der so erhaltenen Bakterienaufschwemmung fügt man 12 ccm verflüssigten und auf 42° C. abgekühlten Agarnährboden, giesst die Mischung in Petri'sche Schaalen aus, lässt den Agar auf einem möglichst horizontalen Tisch erstarren und bringt die Schaalen in den auf 37,5° eingestellten Brutschrank. Da das am Deckel der Schaalen sich condensirende Wasser häufig auf den Nährboden herunter tropft und Keime einer Colonie über die ganze Oberfläche desselben verbreitet, ist es zweckmässig, zwischen Schaale und Deckel in Dampf sterilisirte Filtrirpapierscheiben zu legen, welche das Condenswasser aufsaugen.

Fig. 8.
Graduirtes Reagensglas, in welchem nach der Einwirkung der Desinfectionsmittel die Bacterien von den Tarirgranaten durch Schütteln mit 3 ccm Wasser losgesprengt werden und das Mischen der Bacterienaufschwemmung mit 12 ccm verflüssigtem Agarnährboden erfolgt.

Die erste Zählung der Colonien wird nach 24 stündigem Aufenthalt der Schaalen im Brutofen vorgenommen, nach Ablauf des 2. und 3. Tages werden die hinzugekommenen notirt. Dieses wiederholte Zählen ist deshalb nöthig, weil bei sehr reichlichem Erscheinen von Colonien nur in der ersten Zeit eine genaue

Zählung vorgenommen werden kann, da dieselben später in einander übergehen. Beträgt die Zahl in einer Schaale von ca. 65 qcm Oberfläche nicht mehr als 500, wird jede einzelne Colonie mit der Lupe gezählt, wobei man, um Irrungen zu vermeiden, über jeder gezählten Colonie auf den äusseren Boden der Schaale mit der Feder einen Tintenpunkt macht. Zur Zählung einer grösseren Anzahl von Colonien verwendet man den Wolffhügel'schen Zählapparat.

Die Zubereitung des Nährbodens. Wie insbesondere A. Osborne[11]) und auch B. Krönig und Th. Paul[12]) durch vergleichende Versuche mit Bakterien, die theils dem schädigenden Einflusse der Hitze oder chemischer Desinfectionsmittel ausgesetzt waren, nachgewiesen haben, hängt unter sonst gleichbleibenden Verhältnissen die Zahl der zu Colonien entwickelten Keime im hohen Grade von der Beschaffenheit des Nährbodens ab. Bouillon giebt andere Resultate, wie verflüssigte Gelatine und diese wiederum andere wie Agarnährboden; ja bei den verschiedenen Nährböden schwankt die Zahl der Colonien sehr beträchtlich je nach der Zusammensetzung und Bereitungsweise. Ferner beobachtete Geppert, dass nach einer gewissen Einwirkungszeit von Sublimat auf Milzbrandsporen Mäuse, welche mit diesen inficirt wurden, an Milzbrand starben, während auf den Agarnährböden keine Milzbrandcolonie mehr erschien. Der Thierkörper war in diesem Falle ein besserer Nährboden, als der Agar. Da man in Folge dessen beim Ausbleiben des Wachsthums auf einem bestimmten Nährboden niemals weiss, ob die betreffenden Bakterien wirklich todt sind, oder ob sie sich unter günstigeren Lebensbedingungen noch weiter entwickeln können, darf im Allgemeinen

[11]) A. Osborne, Die Sporenbildung des Milzbrandbacillus auf Nährböden von verschiedenem Gehalt an Nährstoffen. Archiv für Hygiene 1890, Bd. XI, S. 51. 'Osborne stellte Versuche mit Agar-Nährböden, an denen verschiedene Mengen Fleischextract zugesetzt waren. Tödtete er z. B. vegetative Formen von Milzbrandbacillen durch Erhitzen auf 65° bis 70° theilweise ab, so war die Zahl der noch zu Colonien aufgegangenen Keime von der Güte des Nährbodens abhängig.

[12]) l. c. S. 18.

trotz des üblichen Sprachgebrauches nicht von einer Desinfection im Sinne einer wirklichen „Abtödtung“ gesprochen werden. Unter erfolgter Desinfection haben wir zu verstehen, dass ein Mittel so auf die Bakterien eingewirkt hat, dass diese nicht mehr auf einem bestimmt zusammengesetzten Nährboden unter bestimmten Temperaturverhältnissen aufkeimen und sich vermehren, womit aber keineswegs gesagt ist, dass die Bakterien auch wirklich abgestorben sind. Dies ist auch der Grund, warum man den absoluten Desinfectionswerth eines Stoffes überhaupt nicht feststellen kann und sich, wie schon oben mitgetheilt wurde, darauf beschränken muss, vergleichende Versuche anzustellen. Da wir ferner nicht wissen, wie weit es uns gelingt, mit chemischen Reagentien das in den Bakterienleib eingedrungene Desinfectionsmittel an der weiteren Entwickelungshemmung zu hindern, können wir streng genommen nur chemisch verwandte Körper in Bezug auf ihre bakterientödtende Wirkung vergleichen.

Um aber für die Beurtheilung der absoluten Leistungsfähigkeit eines Desinfectionsmittels einen ungefähren Maassstab zu haben und die Wirkung verschiedener Stoffe unter sich annähernd vergleichen zu können, ist es unbedingt nöthig, zu den Werthbestimmungen einen Nährboden von möglichst gleicher Beschaffenheit zu verwenden. Obwohl von vielen Autoren, u. A. auch von Behring, den flüssigen Nährböden: Bouillon, Blutserum, verflüssigte Gelatine etc. für Desinfectionsversuche der Vorzug gegeben wird, müssen wir doch für quantitative Versuche an der Verwendung fester Nährböden festhalten, und ich schlage deshalb für die Ausführung der einheitlichen Werthbestimmung den Agar-Nährboden vor. Vor der festen Gelatine hat er den Vorzug, dass er bei Bluttemperatur — dem Optimum für den Staphylococcus pyogenes aureus und den Milzbrandbacillus — benutzt werden kann. Ferner ist der Agar für diese Bakterien ein sehr günstiger Nährboden und ausserdem wurde er zu den zahlreichen von B. Krönig und Th. Paul mit Desinfectionsmitteln aller Art angestellten Versuchen benutzt. Wie schon oben bemerkt wurde, ist das Wachsthum der durch die

Desinfectionsmittel geschwächten Bakterien nicht nur in hohem Grade von der Zusammensetzung des Agarnährbodens abhängig, sondern auch die Reaction desselben ist von grossem Einfluss. Ferner zeigt nicht nur der nach derselben Vorschrift aufs sorgfältigste hergestellte Agar als Nährboden gewisse Unterschiede, sondern auch Agar ein und derselben Bereitung weist gewisse Schwankungen auf, wenn er längere Zeit gestanden hat oder verschieden oft sterilisirt wurde. Wenn auch diese kleinen Verschiedenheiten nicht ganz zu vermeiden sind, so zeigen sie doch deutlich, wie grosses Gewicht man auf die gleiche Zusammensetzung und Bereitung zu legen hat. Aus diesem Grunde eignet sich auch das von R. Koch angegebene Fleischinfus, so vorzüglich es sich sonst zur Herstellung von Nährböden bewährt hat, zur Bereitung des Agarnährbodens für unsere Zwecke nicht, da die Beschaffenheit des Fleisches sehr wechselt; hingegen bietet die Verwendung des Liebig'schen Fleischextractes eine grösserere Garantie für die Gleichheit des Nährbodens. Für die Neutralisation desselben ist zweifellos das Verfahren von Schultz[13]) das zweckmässigste, nach welchem vor dem Zusatz des Agars der Bouillon so viel Natronlauge zugefügt wird, dass sie mit Phenolphtaleïn deutlich alkalisch reagirt. Für die einheitliche Bereitung des Agarnährbodens möchte ich daher folgende Vorschrift vorschlagen, welche ich seit einer Reihe von Jahren sowohl bei meinen mit B. Krönig angestellten theoretischen Untersuchungen über die Wirksamkeit der Desinfectionsmittel, als auch bei den mit O. Sarwey ausgeführten Experimentaluntersuchungen über Händedesinfection benutzt habe[14]).

---

13) Schultz, Zur Frage von der Bereitung einiger Nährsubstrate. Centralblatt f. Bakteriologie u. Parasitenkunde Bd. X, S. 53. Vergl. auch Petri u. Maassen, Über die Bereitung der Nährbouillon für bakteriologische Zwecke. Arbeiten aus dem Kaiserl. Gesundheitsamt 1892, Bd. VIII, S. 311.

14) Die für die Bereitung des Agar-Nährbodens nöthigen Manipulationen, wie auch die bei der Werthbestimmung der Desinfectionsmittel in Frage kommenden bakteriologischen Arbeitsmethoden sind besonders für den Anfänger sehr anschaulich beschrieben in dem vorzüglichen Lehrbuch der Bakteriologie von L. Heim, 2. Aufl. Stuttgart 1898.

In ein gewogenes Gefäss aus Porzellan oder aus gut emaillirtem Eisenblech bringt man 15 l destillirtes Wasser und fügt 300 g Pepton (Peptonum siccum von Witte in Rostock), 30 g chemisch reinen Traubenzucker und 75 g Liebig's Fleischextract zu. Die Mischung wird im Dampfsterilisator bei 105 bis 110° C. zwei Stunden lang gekocht und nach dem Erkalten in der Weise mit Natronlauge alkalisch gemacht, dass zunächst ein Becherglas von ca. 12 cm Höhe und 7 cm Durchmesser mit derselben gefüllt und so lange mit der in einer Bürette mit Quetschhahn befindlichen Natronlauge (am besten ca. normale, der Liquor natri caustici des Deutschen Arzneibuches ist mit 3 Volumina destillirtem Wasser zu verdünnen) tropfenweise versetzt wird, bis die mit ca. 6 bis 8 Tropfen alkoholischer Phenolphtaleïnlösung (1 g festes Phenolphtaleïn auf 100 g absoluten Alkohol) vermischte Flüssigkeit gerade deutliche Rosafärbung annimmt. Dabei muss mit einem Glasstab gut umgerührt werden. Nachdem der Versuch 2—3 mal wiederholt worden ist, wird die für den Inhalt des Glases (ca. 350 ccm) im Mittel verbrauchte Menge Natronlauge auf die Gesammtflüssigkeit umgerechnet und Letzterer unter gutem Umrühren auf einmal zugefügt.

Nun werden 260 g kleingezupfter Agar (bester Säulenagar) zugesetzt und die Flüssigkeit im Porzellan- oder emaillirten Blechgefäss an zwei Tagen je 8 Stunden auf 105 bis 110° C. im Dampfapparat erhitzt, wobei das verdampfte Wasser durch Zusatz von destillirtem Wasser ersetzt wird. Jetzt wird die Reaction nochmals geprüft. Eine Probe von ca. 15 ccm muss in einem Reagensröhrchen nach Zusatz von zwei Tropfen Phenolphtaleïnlösung durch einen Tropfen normaler Natronlauge deutlich geröthet werden. Schliesslich wird in Glas- oder Porzellantrichtern im Heisswasserapparat filtrirt[15]), das Filtrat in ein Gefäss zusammengegossen und dann in Glaskolben von ca. 3 l Inhalt, vor Licht geschützt, an einem kühlen Orte aufbewahrt.

---

[15]) Das langwierige Filtriren des Agar-Nährbodens durch Filtrirpapier lässt sich mittels eines Sandfilters in kurzer Zeit bewerkstelligen. Vergl. Th. Paul, Die Anwendung des Sandes zum schnellen Filtriren des Nähragars. Münchener medicin. Wochenschrift 1901, No. 3.

Besondere Sorgfalt ist darauf zu verwenden, dass bei der Zubereitung des Agar-Nährbodens jede Berührung mit Metallen, besonders mit Kupfer und Messing, und Verunreinigungen mit Metallsalzen auf das peinlichste vermieden werden. Das zu verwendende destillirte Wasser ist nicht in Kupferröhren, sondern in Zinn- oder Glasröhren zu condensiren.

Angaben über die Desinfectionsdauer und die Zahl der zu verwendenden Bakterien und anzulegenden Culturen. Es handelt sich nun um die Frage, wie lange man die Desinfectionslösung auf die Bakterien einwirken lassen und innerhalb welcher Zeiträume eine Prüfung der Wirkung erfolgen soll. Hierbei hat sich folgendes empirische Verfahren als praktisch erwiesen. Zunächst ist durch einige Vorversuche die Zeit zu ermitteln, nach welcher die Desinfectionslösung so auf die Bakterien eingewirkt hat, dass nur noch 1 oder 2 Colonien aufkeimen. Man theilt diesen Zeitraum in etwa 5 gleiche Abschnitte, multiplicirt die Zahl der Minuten oder Stunden eines solchen mit 7, und erhält so die maximale Einwirkungszeit, nach deren Ablauf man im allgemeinen annehmen kann, dass keine Colonie mehr aufkeimt. Nach jedem einzelnen Zeitabschnitt werden eine Anzahl Granaten aus der Lösung herausgenommen und die daran haftenden Bakterien unter Beobachtung der oben beschriebenen Maassnahmen auf den Nährboden übertragen. Die Desinfectionswirkung der Vergleichslösung prüft man nach den gleichen Zeiträumen. Ein praktisches Beispiel wird dieses Verfahren am besten erläutern. Es handelte sich um einen Vergleich der Desinfectionswirkung auf Milzbrandsporen zwischen einer rein wässerigen Quecksilberchloridlösung und einer wässerigen Lösung der officinellen Sublimatpastillen, welche aus gleichen Gewichtstheilen Sublimat und Kochsalz bestehen. Der Gehalt an Sublimat war in beiden Lösungen gleich und betrug 1 Grammmoleculargewicht = 271 g Sublimat in 16 l oder 1,7 Proc. Ein Vorversuch mit der Sublimatpastillenlösung ergab, dass nach 30 Minuten Einwirkungsdauer durchschnittlich nur noch 2 Milzbrandcolonien aufkeimten. Darnach betrug die maximale Einwirkungsdauer $^{30}/_{5} . 7 = 42$ Minuten. Die Ausführung des Versuches gestaltete sich folgendermaassen:

Tabelle 1.

Vergleich der Desinfectionswirkung auf Milzbrandsporen zwischen einer rein wässerigen Sublimatlösung und einer wässerigen Lösung der officinellen Sublimatpastillen bei gleichem Gehalt an Sublimat.

Dauer der Einwirkung in Minuten	Art und Concentration der Lösung	
	$HgCl_2 = 1{,}7$ Proc.	$HgCl_2 = 1{,}7$ Proc. + $NaCl = 1{,}7$ -
	Zahl der keimfähig gebliebenen Milzbrandsporen	
2	321	unzählige
6	11	566
12	0	75
18	0	8
24	0	3
30	0	2
36	0	1
42	0	0

Aus diesen beiden Versuchen geht mit Sicherheit hervor, dass in dieser Concentration die reine Sublimatlösung diejenige der Sublimatpastillen ganz bedeutend an bakterientödtender Wirkung übertrifft. Die Versuchszeit von 2 Minuten wurde deshalb noch eingeschaltet, weil die reine Sublimatlösung, wie aus den Vorversuchen hervorging, die zum Versuch benutzten Sporen schon innerhalb weniger Minuten abtödtete.

Wie Geppert[16]) bereits feststellte, zeigen auch die einzelnen Sporenindividuen ein und derselben Cultur ein ganz verschiedenes Verhalten in Bezug auf ihre Resistenz. Es lässt sich dies leicht dadurch beweisen, dass man auf eine grössere Zahl von Sporen ein Desinfectionsmittel einwirken lässt. Wäre die Resistenz aller Individuen die gleiche, so müsste die Keimfähigkeit sämmtlicher Sporen gleichzeitig aufgehoben werden. Dies ist aber keineswegs der Fall, die Zahl der keimfähig gebliebenen Sporen nimmt ganz allmählich ab, bis endlich auch die widerstandsfähigsten Individuen zu Grunde gehen. Ähnlich verhalten sich die vegetativen Formen der Bakterien. Diese Erfahrung zwingt uns daher, beim Ver-

[16]) Geppert, Die Desinfectionsfrage. Deutsche medicin. Wochenschrift 1891, No. 25, S. 797. — Zur Lehre von den Antisepticis. Berliner klinische Wochenschrift 1889, No. 36 u. 37.

gleich verschiedener Desinfectionsmittel stets eine gleiche Anzahl von Bakterien derselben Bereitungsweise zu verwenden, und wir sehen auch hieraus wieder die Unmöglichkeit, die keimtödtende Wirkung der Desinfectionsmittel in absolutem Maasse anzugeben, da wir nicht zu verschiedenen Zeiten Bakterienemulsionen von verschiedenen Culturen herstellen können, welche im Cubikcentimeter die gleiche Anzahl von gleichwiderstandsfähigen Individuen enthalten.

Wohl aber haben wir in den annähernd gleich grossen Tarirgranaten ein bequemes und genügend sicheres Hülfsmittel an der Hand, die Bakterien einer Bereitungsweise zu dosiren. Diese Eigenschaft zeichnet die Granaten, ausser den bereits oben erörterten Vortheilen, vor den Seidenfäden, Glas- und Porzellansplittern, und ähnlichen zu diesem Zwecke vorgeschlagenen Körpern aus. Auf den mit derselben Bakterienemulsion benetzten Granaten von gleicher Oberfläche trocknet durchschnittlich immer die gleiche Zahl Individuen an, und wenn die kleinen Abweichungen noch dadurch ausgeglichen werden, dass man zu jeder anzulegenden Cultur 5 Granaten verwendet, so hat man eine gewisse Garantie, immer mit der gleichen Zahl von Individuen zu arbeiten. Da es sich aber um lebende Wesen handelt, deren Entwickelungsbedingungen von einer Reihe uns unbekannter Factoren abhängen, ist es nothwendig, von den nach den einzelnen Einwirkungszeiten zu entnehmenden Proben mehrere Culturen anzulegen und aus der Zahl der aufgekeimten Colonien das Mittel zu ziehen. Die Erfahrung hat gelehrt, dass 6 Culturen hinreichende Sicherheit gewähren. Es werden demnach, wie schon oben angedeutet wurde, nach jeder Einwirkungszeit 30 Granaten auf den Platinsiebchen aus der Desinfectionsflüssigkeit herausgenommen, gemeinschaftlich vom Desinficiens befreit und auf 6 Reagensgläser vertheilt, von denen jedes nach dem Losschütteln der Bakterien eine Schaalencultur giebt.

Wie es nicht anders zu erwarten ist, schwankt die Zahl der auf den einzelnen Culturen wachsenden Colonien nicht unbeträchtlich, doch gleichen sich diese Schwankungen bei den

6 Culturen so gut aus, dass die Mittelzahlen mit der Zunahme der Desinfectionszeit regelmässig abnehmen und dass Ausnahmen, die nicht auf nachweisbare Versuchsfehler zurückzuführen sind, nur selten und dann auch fast ausschliesslich bei der fast vollständigen Abtödtung vorkommen.

5. Nachweis für die Brauchbarkeit dieser Prüfungsmethode.

Ich halte es nicht für unwesentlich, hierfür den experimentellen Beweis zu erbringen und dadurch die Überlegenheit dieses Prüfungsverfahrens gegenüber anderen Methoden darzuthun. Als Beispiel wähle ich eine grössere Versuchsreihe, welche von B. Krönig und mir zur Prüfung der bakterientödtenden Wirkung wässeriger Sublimatlösungen verschiedener Concentration auf Milzbrandsporen ausgeführt wurde. In den Tabellen 2—6, welche ein detaillirtes Bild vom Verlaufe der einzelnen Versuche geben, ist die Colonienzahl auf jeder der 6 Culturen nach Ablauf des 1., 2. und 3. Tages nebst den zugehörigen Mittelzahlen angegeben.

Tabelle 2.

Einwirkung von wässeriger Quecksilberchloridlösung auf Milzbrandsporen.

Eine Grammmolekel[17]) = 271 g $HgCl_2$ ist enthalten in *16 Litern* Lösung oder die Lösung ist *1,69 proc.*

Zeit, nach welcher die Colonien gezählt wurden	Zahl der auf den einzelnen Schaalenculturen entwickelten Colonien (d. h. keimfähig gebliebenen Sporen)						
	1. Schaale	2. Schaale	3. Schaale	4. Schaale	5. Schaale	6. Schaale	Mittel
	Einwirkungsdauer: 2 Minuten						
1 Tag . . .	558	596	444	461	468	507	506
2 Tage . . .	618	607	470	493	504	535	
3 - . . .	642	620	478	496	515	540	549

[17]) Für wissenschaftliche Zwecke dürfen nur solche Lösungen miteinander verglichen werden, welche von den betreffenden Stoffen gleiche moleculare Mengen enthalten. Nach einem neueren Gebrauche in der physikalischen Chemie wird die Concentration in Litern ausgedrückt, d. h. bei jeder Lösung die Anzahl Liter angegeben, welche so viel Gramm des betreffenden Stoffes enthalten, als sein Moleculargewicht beträgt. Dadurch

Zeit, nach welcher die Colonien gezählt wurden	Zahl der auf den einzelnen Schaalenculturen entwickelten Colonien (d. h. keimfähig gebliebenen Sporen)						
	1. Schaale	2. Schaale	3. Schaale	4. Schaale	5. Schaale	6. Schaale	Mittel
	Einwirkungsdauer: 3 Minuten						
1 Tag . . .	390	411	150	382	166	225	287
2 Tage . . .	427	443	163	395	198	259	
3 -	434	457	169	403	208	269	323
	Einwirkungsdauer: 4 Minuten						
1 Tag . . .	192	276	217	122	208	88	184
2 Tage . . .	253	328	257	165	241	141	
3 -	257	332	263	167	251	144	236
	Einwirkungsdauer: 5 Minuten						
1 Tag . . .	78	100	171	128	85	51	107
2 Tage . . .	105	119	212	162	110	104	
3 -	107	123	215	162	112	111	138
	Einwirkungsdauer: 6 Minuten						
1 Tag . . .	38	115	18	40	16	100	55
2 Tage . . .	58	155	43	70	32	129	
3 -	59	158	43	70	32	132	82
	Einwirkungsdauer: 7 Minuten						
1 Tag . . .	33	10	26	46	21	17	26
2 Tage . . .	52	23	40	59	46	28	
3 -	52	24	40	60	46	28	42
	Einwirkungsdauer: 8 Minuten						
1 Tag . . .	12	2	2	10	2	2	5
2 Tage . . .	31	9	15	20	12	15	
3 -	32	12	15	23	14	17	19
	Einwirkungsdauer: 10 Minuten						
1 Tag . . .	2	6	2	4	4	3	4
2 Tage . . .	10	18	6	10	6	11	
3 -	10	18	6	10	6	12	10
	Einwirkungsdauer: 12 Minuten						
1 Tag . . .	0	0	0	0	0	0	0
2 Tage . . .	0	2	1	1	0	0	
3 -	0	3	1	1	0	0	1
	Einwirkungsdauer: 14 Minuten						
1 Tag . . .	0	0	0	0	0	0	0
2 Tage . . .	0	1	0	0	0	0	
3 -	0	1	0	0	0	0	0

erlangt man den Vortheil, dass „gleichlitrige“ Lösungen verschiedener Stoffe direct in Bezug auf ihre Desinfectionskraft verglichen werden können. (Vergleiche den nächsten Abschnitt.)

Tabelle 3.

Einwirkung von wässeriger Quecksilberchloridlösung auf Milzbrandsporen.

Eine Grammmolekel = 271 g Hg Cl_2 ist enthalten in *32 Litern* Lösung oder die Lösung ist *0,84 proc.*

Zeit, nach welcher die Colonien gezählt wurden	Zahl der auf den einzelnen Schaalenculturen entwickelten Colonien (d. h. keimfähig gebliebenen Sporen)						
	1. Schaale	2. Schaale	3. Schaale	4. Schaale	5. Schaale	6. Schaale	Mittel
	Einwirkungsdauer: 3 Minuten						
1 Tag . . .	624	617	720	606	514	—	616
2 Tage . . .	685	654	745	661	560	—	
3 -	700	670	753	686	580	—	678
	Einwirkungsdauer: 6 Minuten						
1 Tag . . .	258	199	347	264	244	290	277
2 Tage . . .	292	254	371	308	274	310	
3 -	297	258	384	320	280	319	310
	Einwirkungsdauer: 9 Minuten						
1 Tag . . .	162	82	184	115	134	86	127
2 Tage . . .	184	127	232	143	177	115	
3 -	193	128	238	149	185	117	168
	Einwirkungsdauer: 12 Minuten						
1 Tag . . .	31	8	15	14	7	46	20
2 Tage . . .	44	14	30	25	15	88	
3 -	48	15	31	28	15	88	38
	Einwirkungsdauer: 15 Minuten						
1 Tag . . .	4	9	4	6	8	3	6
2 Tage . . .	7	9	9	11	10	10	
3 -	8	9	9	11	10	10	10
	Einwirkungsdauer: 18 Minuten						
1 Tag . . .	4	1	1	0	2	0	1
2 Tage . . .	9	2	5	5	4	5	
3 -	10	2	5	6	4	5	5
	Einwirkungsdauer: 21 Minuten						
1 Tag . . .	0	0	0	1	0	1	0
2 Tage . . .	5	1	2	5	2	3	
3 -	5	1	3	5	2	3	3
	Einwirkungsdauer: 24 Minuten						
1 Tag . . .	1	0	0	0	0	0	0
2 Tage . . .	2	1	2	3	1	0	
3 -	2	1	3	3	1	0	2

Zeit, nach welcher die Colonien gezählt wurden	Zahl der auf den einzelnen Schaalenculturen entwickelten Colonien (d. h. keimfähig gebliebene Sporen)						
	1. Schaale	2. Schaale	3. Schaale	4. Schaale	5. Schaale	6. Schaale	Mittel
	Einwirkungsdauer: 27 Minuten						
1 Tag . . .	0	0	0	0	0	0	0
2 Tage . . .	0	0	0	2	0	0	
3 -	0	0	1	2	0	0	1
	Einwirkungsdauer: 30 Minuten						
1 Tag . . .	0	0	0	0	0	0	0
2 Tage . . .	1	1	0	0	0	0	
3 -	1	1	0	0	0	0	0

Tabelle 4.

Einwirkung von wässeriger Quecksilberchloridlösung auf Milzbrandsporen.

Eine Grammmolekel = 271 g $HgCl_2$ ist enthalten in *64 Litern* Lösung oder die Lösung ist *0,42 proc.*

Zeit, nach welcher die Colonien gezählt wurden	Zahl der auf den einzelnen Schaalenculturen entwickelten Colonien (d. h. keimfähig gebliebenen Sporen)						
	1. Schaale	2. Schaale	3. Schaale	4. Schaale	5. Schaale	6. Schaale	Mittel
	Einwirkungsdauer: 5 Minuten						
1 Tag . . .	803	1043	1158	954	1018	787	961
2 Tage . . .	—	—	—	—	—	—	
3 -	—	—	—	—	—	—	
	Einwirkungsdauer: 10 Minuten						
1 Tag . . .	363	251	252	245	395	263	295
2 Tage . . .	471	318	332	331	440	327	
3 -	507	335	362	358	481	339	397
	Einwirkungsdauer: 15 Minuten						
1 Tag . . .	112	115	132	86	51	143	107
2 Tage . . .	175	193	236	116	93	210	
3 -	180	203	250	124	97	213	178
	Einwirkungsdauer: 20 Minuten						
1 Tag . . .	19	13	13	20	25	11	17
2 Tage . . .	41	26	34	41	76	23	
3 -	43	26	35	45	76	23	41

Zeit, nach welcher die Colonien gezählt wurden	Zahl der auf den einzelnen Schaalenculturen entwickelten Colonien (d. h. keimfähig gebliebenen Sporen)						
	1. Schaale	2. Schaale	3. Schaale	4. Schaale	5. Schaale	6. Schaale	Mittel
	Einwirkungsdauer: 25 Minuten						
1 Tag . . .	2	3	2	6	3	4	3
2 Tage . . .	9	8	3	13	8	7	
3 - . . .	9	10	5	14	8	9	9
	Einwirkungsdauer: 30 Minuten						
1 Tag . . .	4	0	1	3	3	2	2
2 Tage . . .	10	5	5	5	8	7	
3 - . . .	10	5	5	7	9	7	7
	Einwirkungsdauer: 35 Minuten						
1 Tag . . .	1	1	1	0	1	1	1
2 Tage . . .	3	4	3	1	2	3	
3 - . . .	3	4	4	2	3	3	3
	Einwirkungsdauer: 40 Minuten						
1 Tag . . .	0	0	0	0	0	0	0
2 Tage . . .	2	3	0	0	1	2	
3 - . . .	2	4	2	2	1	2	2
	Einwirkungsdauer: 45 Minuten						
1 Tag . . .	0	0	0	0	0	0	0
2 Tage . . .	1	0	1	0	0	0	
3 - . . .	1	0	1	0	0	1	1
	Einwirkungsdauer: 50 Minuten						
1 Tag . . .	0	0	0	1	0	0	0
2 Tage . . .	1	0	0	1	2	0	
3 - . . .	2	0	0	1	2	0	1
	Einwirkungsdauer: 55 Minuten						
1 Tag . . .	0	0	0	0	0	1	0
2 Tage . . .	1	0	0	0	1	2	
3 - . . .	1	0	0	1	1	2	1
	Einwirkungsdauer: 60 Minuten						
1 Tag . . .	0	0	0	1	0	0	0
2 Tage . . .	1	0	0	1	0	0	
3 - . . .	1	0	1	1	0	0	1

Tabelle 5.

Einwirkung von wässeriger Quecksilberchloridlösung auf Milzbrandsporen.

Eine Grammmolekel = 271 g $HgCl_2$ ist enthalten in *128 Litern* Lösung oder die Lösung ist *0,21 proc.*

Zeit, nach welcher die Colonien gezählt wurden	Zahl der auf den einzelnen Schaalenculturen entwickelten Colonien (d. h. keimfähig gebliebenen Sporen)						
	1. Schaale	2. Schaale	3. Schaale	4. Schaale	5. Schaale	6. Schaale	Mittel
	Einwirkungsdauer: 3 Minuten						
1 Tag . . .	3072	4608	4992	3200	3648	3456	3829
2 Tage . . .	—	—	—	—	—	—	—
3 -	—	—	—	—	—	—	—
	Einwirkungsdauer: 6 Minuten						
1 Tag . . .	1536	2432	1982	1982	2112	2368	2069
2 Tage . . .	—	—	—	—	—	—	—
3 -	—	—	—	—	—	—	—
	Einwirkungsdauer: 10 Minuten						
1 Tag . . .	377	531	483	508	504	472	479
2 Tage . . .	389	557	503	535	549	499	
3 -	403	574	511	550	566	518	520
	Einwirkungsdauer: 15 Minuten						
1 Tag . . .	247	280	304	243	271	292	273
2 Tage . . .	253	306	319	279	289	309	
3 -	253	316	335	290	297	322	302
	Einwirkungsdauer: 20 Minuten						
1 Tag . . .	274	200	163	214	162	127	190
2 Tage . . .	311	244	205	238	185	151	
3 -	317	254	212	255	191	158	231
	Einwirkungsdauer: 25 Minuten						
1 Tag . . .	113	87	86	59	101	91	90
2 Tage . . .	144	121	115	83	143	94	
3 -	150	124	118	85	149	99	121
	Einwirkungsdauer: 30 Minuten						
1 Tag . . .	14	4	45	38	39	55	33
2 Tage . . .	22	10	65	44	62	64	
3 -	22	10	68	45	66	67	46
	Einwirkungsdauer: 35 Minuten						
1 Tag . . .	10	14	13	23	5	13	13
2 Tage . . .	14	25	17	31	6	26	
3 -	15	27	18	32	6	28	21

Zeit, nach welcher die Colonien gezählt wurden	Zahl der auf den einzelnen Schaalenculturen entwickelten Colonien (d. h. keimfähig gebliebenen Sporen)						
	1. Schaale	2. Schaale	3. Schaale	4. Schaale	5. Schaale	6. Schaale	Mittel
	Einwirkungsdauer: 40 Minuten						
1 Tag . . .	1	3	2	2	0	2	2
2 Tage . . .	7	5	4	5	6	6	
3 - . . .	7	5	6	9	7	6	7
	Einwirkungsdauer: 50 Minuten						
1 Tag . . .	1	2	0	1	2	2	1
2 Tage . . .	8	6	4	3	4	4	
3 - . . .	9	6	5	3	5	4	5
	Einwirkungsdauer: 60 Minuten						
1 Tag . . .	0	0	1	0	1	0	0
2 Tage . . .	2	0	2	0	1	2	
3 - . . .	2	0	2	0	1	2	1
	Einwirkungsdauer: 70 Minuten						
1 Tag . . .	0	0	0	0	0	0	0
2 Tage . . .	3	3	0	0	1	1	
3 - . . .	3	3	0	0	1	1	1

Tabelle 6.

Einwirkung von wässeriger Quecksilberchloridlösung auf Milzbrandsporen.

Eine Grammmolekel = 271 g $HgCl_2$ ist enthalten in *256 Litern* Lösung oder die Lösung ist *0,11 proc.*

Zeit, nach welcher die Colonien gezählt wurden	Zahl der auf den einzelnen Schaalenculturen entwickelten Colonien (d. h. keimfähig gebliebenen Sporen)						
	1. Schaale	2. Schaale	3. Schaale	4. Schaale	5. Schaale	6. Schaale	Mittel
	Einwirkungsdauer: 10 Minuten						
1 Tag . . .	1792	2432	1984	1728	1920	2304	2027
2 Tage . . .	—	—	—	—	—	—	
3 - . . .	—	—	—	—	—	—	
	Einwirkungsdauer: 15 Minuten						
1 Tag . . .	656	713	680	640	—	—	672
2 Tage . . .	683	810	716	700	—	—	
3 - . . .	683	840	745	726	—	—	749
	Einwirkungsdauer: 20 Minuten						
1 Tag . . .	573	500	800	486	462	563	564
2 Tage . . .	595	524	822	524	496	595	
3 - . . .	618	548	838	542	523	605	612

Zeit, nach welcher die Colonien gezählt wurden	Zahl der auf den einzelnen Schaalenculturen entwickelten Colonien (d. h. keimfähig gebliebenen Sporen)						
	1. Schaale	2. Schaale	3. Schaale	4. Schaale	5. Schaale	6. Schaale	Mittel
	Einwirkungsdauer: 25 Minuten						
1 Tag . . .	339	220	401	572	410	350	382
2 Tage . . .	359	260	432	595	446	389	
3 -	371	274	448	619	461	420	432
	Einwirkungsdauer: 30 Minuten						
1 Tag . . .	159	214	281	280	321	249	251
2 Tage . . .	201	245	313	322	359	300	
3 -	228	252	326	327	365	318	306
	Einwirkungsdauer: 35 Minuten						
1 Tag . . .	255	195	196	110	185	132	179
2 Tage . . .	297	230	221	143	208	194	
3 -	312	244	237	157	211	202	227
	Einwirkungsdauer: 40 Minuten						
1 Tag . . .	119	143	141	178	98	147	138
2 Tage . . .	160	182	184	238	115	177	
3 -	167	185	192	247	120	189	183
	Einwirkungsdauer: 45 Minuten						
1 Tag . . .	72	177	210	41	47	57	101
2 Tage . . .	106	195	233	67	81	90	
3 -	111	202	344	71	84	94	151
	Einwirkungsdauer: 50 Minuten						
1 Tag . . .	116	104	79	60	60	63	80
2 Tage . . .	156	157	106	102	90	117	
3 -	167	173	110	104	92	123	133
	Einwirkungsdauer: 60 Minuten						
1 Tag . . .	52	27	17	33	44	58	39
2 Tage . . .	85	40	57	73	69	126	
3 -	91	41	57	75	78	133	79
	Einwirkungsdauer: 70 Minuten						
1 Tag . . .	1	2	6	11	11	4	6
2 Tage . . .	7	5	11	33	20	19	
3 -	8	6	11	33	20	20	16
	Einwirkungsdauer: 80 Minuten						
1 Tag . . .	3	2	6	2	2	3	3
2 Tage . . .	6	10	18	2	4	8	
3 -	8	11	22	4	6	11	10
	Einwirkungsdauer: 90 Minuten						
1 Tag . . .	0	0	0	1	2	0	1
2 Tage . . .	1	4	4	7	5	4	
3 -	3	4	4	8	6	4	5

Zeit, nach welcher die Colonien gezählt wurden	Zahl der auf den einzelnen Schaalenculturen entwickelten Colonien (d. h. keimfähig gebliebenen Sporen)						
	1. Schaale	2. Schaale	3. Schaale	4. Schaale	5. Schaale	6. Schaale	Mittel
	Einwirkungsdauer: 100 Minuten						
1 Tag . . .	0	0	0	0	0	0	0
2 Tage . .	0	2	2	3	2	5	
3 -	0	4	3	5	2	5	3
	Einwirkungsdauer: 110 Minuten						
1 Tag . . .	0	0	0	0	0	0	0
2 Tage . .	3	2	3	2	2	4	
3 -	7	2	3	2	2	5	3
	Einwirkungsdauer: 120 Minuten						
1 Tag . . .	0	0	1	0	0	0	0
2 Tage . .	1	2	4	2	1	1	
3 -	2	2	4	2	1	1	2

In Tabelle 7 sind für diese fünf wässerigen Sublimatlösungen verschiedener Concentration die Mittelwerthe übersichtlich zusammengestellt, welche sich aus den Zahlen der nach Verlauf von 3 Tagen auf den einzelnen Schaalenculturen entwickelten Colonien ergaben.

Tabelle 7.

Einwirkung von wässerigen Quecksilberchloridlösungen verschiedener Concentration auf Milzbrandsporen.

Dauer der Einwirkung in Minuten	Eine Grammmolekel = 271 g $HgCl_2$ ist enthalten in				
	16 l = 1,69 Proc.	32 l = 0,84 Proc.	64 l = 0,42 Proc.	128 l = 0,21 Proc.	256 l = 0,11 Proc.
	Zahl der nach Verlauf von 3 Tagen entwickelten Colonien (d. h. keimfähig gebliebenen Sporen)				
2	549	—	—	—	—
3	323	678	—	3829	—
4	236	—	—	—	—
5	138	—	961	—	—
6	82	310	—	2069	—
7	42	—	—	—	—
8	19	—	—	—	—
9	—	168	—	—	—
10	10	—	397	520	2027
12	1	38	—	—	—
14	0	—	—	—	—

Dauer der Einwirkung in Minuten	Eine Grammmolekel = 271 g $HgCl_2$ ist enthalten in				
	16 l = 1,69 Proc.	32 l = 0,84 Proc.	64 l = 0,42 Proc.	128 l = 0,21 Proc.	256 l = 0,11 Proc.
	Zahl der nach Verlauf von 3 Tagen entwickelten Colonien (d. h. keimfähig gebliebenen Sporen)				
15	—	10	178	302	749
16	—	—	—	—	—
18	—	5	—	—	—
20	—	—	41	231	612
21	—	3	—	—	—
22	—	—	—	—	—
24	—	2	—	—	—
25	—	—	9	121	432
27	—	1	—	—	—
30	—	0	7	46	306
33	—	—	—	—	—
35	—	—	3	21	227
40	—	—	2	7	183
45	—	—	1	—	151
50	—	—	1	5	133
55	—	—	1	—	—
60	—	—	1	1	79
70	—	—	—	1	16
80	—	—	—	0	10
90	—	—	—	—	5
100	—	—	—	—	3
110	—	—	—	—	3
120	—	—	—	—	2

Da die Zahl der keimfähig gebliebenen Sporen, welche Colonien gebildet haben, unter sonst gleichbleibenden Bedingungen nur von der Dauer der Einwirkung und der Concentration der Lösungen abhängt und Unregelmässigkeiten nicht auftreten, ist die Brauchbarkeit dieser Methode vollkommen bewiesen, und es giebt zur Zeit keine andere, welche ihr gleichkäme oder bessere Resultate lieferte.

6. Welche Concentrationen[18]) sollen die Lösungen eines Desinfectionsmittels bei der Bestimmung der bakterientödtenden Wirkung haben.

Wie aus der Tabelle 7 und aus anderen Versuchen mit Desinfectionslösungen eines Stoffes bei verschiedener Concentration

[18]) Unter Concentration eines Stoffes in einer Lösung versteht man die Menge des in der Volumeinheit (dem Liter) gelösten Stoffes in Grammen oder Grammmoleculargewichten ausgedrückt.

hervorgeht, ist die Zeit, welche zur Abtödtung der Bakterien nöthig ist, nicht proportional der Concentration, d. h. eine halb so starke Lösung braucht nicht die doppelte Zeit, um denselben Desinfectionseffect hervorzubringen, sondern mehr oder weniger. Die Desinfectionsmittel verhalten sich in dieser Beziehung sehr verschieden, und man kann aus der Desinfectionszeit einer Lösung nur annähernd Schlüsse auf diejenige bei anderer Concentration ziehen. Es empfiehlt sich daher stets die Wirkung eines Desinfectionsmittels bei verschiedenen Concentrationen zu prüfen. Handelt es sich um chemisch einheitliche Stoffe, so wähle man bei Anfertigung der Lösungen moleculare Verhältnisse und gebe die Concentration derselben in der Zahl der Liter an, welche 1 Grammmoleculargewicht oder 1 Mol.[19]) des betreffenden Stoffes enthalten. Will man z. B. die Desinfectionswirkung des Quecksilberchlorids in wässeriger Lösung prüfen, dessen Moleculargewicht $HgCl_2 = 271$ ist, so fertigt man eine Lösung an, welche 271 g $HgCl_2$ in 8 l (= 3,38 Proc.) enthält und verdünnt diese Lösung weiter, indem man mit einer Pipette je 125 ccm in Maasskolben von 250, 500, 1000 ccm Inhalt bringt und mit Wasser bis zur Marke auffüllt. Man erhält so eine 16-litrige (= 1,69-proc.), 32-litrige (= 0,84-proc.) und 64-litrige (= 0,42-proc.) Lösung und kann diese Verdünnungen beliebig weit fortsetzen. Die in der Medicin so häufig angewandte 1-promillige Sublimatlösung entspricht ungefähr einer 256-litrigen (=1,1-prom.). Die Benutzung derartig hergestellter Lösungen hat den grossen Vortheil, dass „gleichlitrige“ Lösungen, welche also die äquivalente Menge oder die gleiche Anzahl von Molekeln der Desinfectionsstoffe im gleichen Volum enthalten, direct in ihrer Wirkung auf die Bakterien verglichen werden können. Andererseits hat es wissenschaftlich keinen Sinn, z. B. eine 1-proc. Quecksilberchloridlösung (Moleculargewicht $HgCl_2 = 271$) mit einer 1-proc. Quecksilberbromidlösung (Moleculargewicht $HgBr_2 = 360$) zu vergleichen, da in diesem Falle in gleichen Volumina der Lösungen

[19]) W. Ostwald hat vorgeschlagen, an Stelle des unbequem langen Wortes „Grammmoleculargewicht“ den kürzeren Ausdruck „Mol“ zu benutzen.

die Zahl der Molekeln der Verbindungen ganz verschieden ist; auf 1 Molekel $Hg\,Cl_2$ kommen nur $^{271}/_{361} = 0{,}75$, oder auf 4 Molekeln $Hg\,Cl_2$ nur 3 Molekeln $Hg\,Br_2$.

Ferner ist es wünschenswerth, wenn nicht besondere Gründe dagegen sprechen, die Lösungen nach Potenzen von 2 zu verdünnen, bei der Salzsäure z. B. folgende Concentrationen zu wählen: $^1/_4$-litrig (= 4fach normal oder 14,6-proc.) $^1/_2$-litrig (= 2fach normal oder 7,3-proc.), 1-litrig (= normal oder 3,65-proc.), 2-litrig (= $^1/_2$ normal oder 1,83-proc.), 4-litrig (= $^1/_4$ normal oder 0,91-proc.) etc. Abgesehen davon, dass die Herstellung dieser Verdünnungen gewisse Bequemlichkeiten bietet und die Lösungen der Vergleichsstoffe Sublimat, Phenol, Silbernitrat etc. in diesen Concentrationen in den chemischen Laboratorien vorräthig gehalten werden bez. käuflich zu haben sind, liegt der Grund für deren Wahl noch darin, dass man in der neueren Zeit die Constitution vieler Stoffe in Lösungen bei denselben Concentrationen festgestellt hat, und gewisse auch für unsere Zwecke werthvolle Daten direct benutzt werden können.

Wie B. Krönig und Th. Paul nachgewiesen haben, bestehen zwischen dieser Constitution und der Desinfectionswirkung eines Stoffes in Lösung sehr nahe Beziehungen. Besonders für diejenigen Körper, welche Elektrolyte sind, und zu diesen gehören alle Säuren, Basen und Salze, also bei Weitem die meisten Desinfectionsmittel, spielt die elektrolytische Dissociation eine grosse Rolle. So konnten wir zeigen, dass die Halogenverbindungen des Quecksilbers: Quecksilberchlorid ($Hg\,Cl_2$), Quecksilberbromid ($Hg\,Br_2$), Quecksilberrhodanid [$Hg\,(CN\,S)_2$], Quecksilberjodid ($Hg\,J_2$) und Quecksilbercyanid ($Hg\,Cy_2$) in Bezug auf ihre Desinfectionskraft dieselbe Reihenfolge einhalten, die ihnen nach ihrem elektrolytischen Dissociationsgrad zukommt, dass also die Concentration des Metallions (Hg-Ions) die ausschlaggebende Rolle spielt. Ähnlich verhalten sich auch die Salze der anderen Metalle. Betrachten wir z. B. eine wässerige Lösung des salpetersauren Silbers $Ag\,NO_3$, welches in dieser theilweise in positive Silberionen (Ag-Ionen) und negative Salpetersäureionen (NO_3-Ionen) gespalten ist, während der andere Theil als nichtdissociirte

Molekeln ($Ag NO_3$-Molekeln) vorhanden ist, so hängt die Desinfectionswirkung in erster Linie von der Concentration der Silberionen (Ag-Ionen) ab. Da nun der elektrolytische Dissociationsgrad mit der Verdünnung zunimmt, so beträgt die Concentration der Silberionen (Ag-Ionen), also des wirksamen Stoffes, in einer auf das Doppelte verdünnten Lösung von salpetersaurem Silber nicht die Hälfte, sondern etwas mehr. Die Concentration des wirksamen Stoffes ist demnach bei den Salzen, Säuren und Basen der Concentration der betreffenden Verbindung nicht proportional; sie wird mit zunehmender Verdünnung immer etwas grösser, als sich aus dem Verdünnungsverhältnisse ergiebt. Die modernen physikalisch-chemischen Untersuchungsmethoden: die Bestimmung der elektromotorischen Kräfte, der elektrischen Leitfähigkeit, der Gefrierpunktserniedrigung, der Siedepunktserhöhung etc., gestatten uns, die Concentrationen der wirksamen Theilstücke (Ionen) eines Elektrolyten in Lösungen bei verschiedenen Verdünnungen zu ermitteln und Schlüsse auf die bakterientödtende Wirkung zu ziehen. Deshalb sind diese Untersuchungen für uns sehr werthvoll, besonders bei solchen Lösungen, welche ausser dem Desinficiens noch andere Stoffe enthalten. In diesem Falle ist die Concentration der wirksamen Ionen meist nicht nur von der Concentration des Desinficiens, sondern auch von derjenigen seiner Lösungsgenossen abhängig. Setzen wir z. B. zu einer wässerigen Quecksilberchloridlösung Kochsalz in steigender Menge, wie es in der Desinfectionspraxis vielfach geschieht, so vermindern wir die Concentration der Quecksilberionen (Hg-Ionen) und damit auch die Desinfectionskraft der Sublimatlösung (vergl. Tabelle 8).

Aus theoretischen Gründen, auf welche hier nicht näher eingegangen werden kann[20]), nimmt der Unterschied der Con-

---

[20]) Näheres über diesen Gegenstand findet sich in: W. Ostwald, Lehrbuch der allgemeinen Chemie. 2. Aufl. Leipzig 1891. — W. Nernst, Theoretische Chemie. 3. Aufl. Stuttgart 1900. — Le Blanc, Lehrbuch der Elektrochemie. 2. Aufl. Leipzig 1900. In elementarer Weise sind die Verhältnisse abgehandelt in: W. Ostwald, Die wissenschaftlichen Grundlagen der analytischen Chemie, elementar dargestellt. 2. Aufl. Leipzig 1897. — W. Ostwald, Grundlinien der anorganischen Chemie. Leipzig 1900.

Tabelle 8.

Einwirkung einer wässerigen Lösung von Quecksilberchlorid mit steigendem Zusatz von Natriumchlorid auf Milzbrandsporen.

Lösung	Zahl der Liter, in denen das der Formel entsprechende Moleculargewicht in Grammen gelöst ist	Procentgehalt der Lösungsbestandtheile	Einwirkungsdauer: 6 Minuten Zahl der keimfähig gebliebenen Sporen
1. $HgCl_2$	16 Liter	1,69	8
2. - + 1 NaCl	16 -	$HgCl_2$ 1,69 + NaCl 0,365	32
3. - + 2 -	16 -	- 1,69 + - 0,73	124
4. - + 3 -	16 -	- 1,69 + - 1,095	282
5. - + 4 -	16 -	- 1,69 + - 1,46	382
6. - + 4,6 - (Sublimatpastillen des Deutschen Arzneibuches)	16 -	- 1,69 + - 1,68	410
7. $HgCl_2$ + 6 NaCl	16 -	- 1 69 + - 2,19	803
8. - + 10 -	16 -	- 1,69 + - 3,65	1087

Tabelle 9.

Einwirkung von wässerigen Quecksilberchloridlösungen mit steigendem Zusatz von Natriumchlorid in verschiedenen Concentrationen auf Milzbrandsporen.

Lösung	16 Liter = 1,69 Proc. $HgCl_2$		64 Liter = 0,42 Proc. $HgCl_2$		256 Liter = 0,11 Proc. $HgCl_2$	
	12 Min.	20 Min.	12 Min.	20 Min.	20 Min.	30 Min.
	Zahl der keimfähig gebliebenen Sporen					
1. $HgCl_2$	0	0	13	3	56	10
2. - + 2 NaCl	3	0	17	5	61	13
3. - + 4,6 - (Sublimatpastillen des Deutschen Arzeibuches)	43	5	34	8	64	14
4. $HgCl_2$ + 10 NaCl	469	328	103	42	120	16

centrationen der Quecksilberionen und damit auch der Desinfectionswirkung mit zunehmender Verdünnung ab, wie aus Tabelle 9 hervorgeht.

Schon in der 4fachen Verdünnung von 16 l auf 64 l ist der Unterschied in der Desinfectionswirkung erheblich geringer geworden, und in der 16fachen Verdünnung (256 l) wirken alle 4 Lösungen fast gleich stark. Man kann also bei demselben Desinfectionsmittel unter Beobachtung derselben Versuchsanordnung zu ganz verschiedenen Resultaten kommen, je nachdem man die eine oder andere Concentration anwendet. Ausserdem zeigt dieses Beispiel so recht die Nothwendigkeit, bei der Prüfung eines Desinfectionsmittels die Bestimmung der keimfähig gebliebenen Bakterien nach verschiedenen Zeiten der Einwirkung vorzunehmen. Es kann uns deshalb nicht Wunder nehmen, wenn bei dem bisher üblichen Verfahren zur Werthbestimmung der Desinfectionsmittel die Resultate so verschieden ausfallen, und dass nur dann eine sichere Beurtheilung möglich ist, wenn neben einer einwandfreien Versuchsanordnung die im Vorstehenden gegebenen Vorschriften über die Zeit der Einwirkung und die Concentrationen des Desinficiens eingehalten werden.

7. Zusammenstellung der Daten, welche für die einheitliche Werthbestimmung eines Desinfectionsmittels und für die Beurtheilung seiner Verwendung in der Praxis nothwendig oder wünschenswerth sind.

Ausser den oben besprochenen Forderungen bezüglich der Werthbestimmung eines Desinfectionsmittels kommen für die Beurtheilung seiner Verwendung in der Praxis noch eine Reihe von Eigenschaften in Betracht. Die Anforderungen, welche in dieser Beziehung an die Desinfectionsmittel gestellt werden, sind so vielseitig, dass die einzelnen Fälle unmöglich aufgezählt werden können, doch lassen sich auch hier bestimmte Gesichtspunkte aufstellen, nach denen die Beurtheilung eines neuen Stoffes möglich ist. Handelt es sich z. B. um die Desinfection von Geräthen aus Eisen, Kupfer oder Messing, so ist die Verwendung von Quecksilber- oder Silbersalzen ausgeschlossen, da diese durch die betreffenden Metalle zersetzt werden. Für eiweisshaltige Flüssigkeiten eignen sich diese Salze im Allgemeinen auch nicht, da sie mit dem Eiweiss schwer lösliche Verbindungen eingehen. Beseitigt man das Auftreten dieser Niederschläge durch Zusatz gewisser Reagentien, z. B. von sehr viel Kochsalz bei den Quecksilbersalzen, Ammoniak oder Natriumthiosulfat bei den Silbersalzen, so vermindert man die Desinfectionskraft dieser Desinfectionsmittel noch viel mehr, als wenn man die Niederschläge bestehen liesse, da mit der Auflösung der Niederschläge bez. der Hintanhaltung ihres Entstehens eine grössere Verminderung der wirksamen Metallionen (Hg-Ionen und Ag-Ionen), also des wirksamen Agens, nothwendiger Weise verbunden ist. Für viele Desinfectionsmittel bildet die Schwerlöslichkeit in Wasser ein Hinderniss für ihre praktische Verwendung; die Lösungen in anderen Lösungsmitteln, wie z. B. in Alkohol, sind im Allgemeinen viel weniger wirksam als diejenigen in Wasser. Schliesslich darf nicht unerwähnt bleiben, dass die Brauchbarkeit eines Stoffes für gewisse praktische Zwecke durchaus nicht immer aus seinem allgemeinen Verhalten zu Bakterien und aus sonstigen scheinbar geeigneten Eigenschaften gefolgert werden kann. Ich erinnere in dieser Beziehung nur an das Problem der Desinfection der menschlichen Haut, speciell der Hände, welche trotz zahlreicher in dieser Richtung angestellter Versuche bis auf den heutigen Tag noch nicht gelungen ist[21]).

Ich lasse nun eine Zusammenstellung der Daten folgen, deren Kenntniss für die einheitliche Werthbestimmung eines Desinfectionsmittels und für die Beurtheilung seiner Verwendung in der Praxis nothwendig oder wünschenswerth ist, und deren Zahl vielleicht noch in diesem oder jenem Punkte zu ergänzen ist.

1. Name des Desinfectionsmittels.

2. Handelt es sich um einen chemisch einheitlichen Stoff oder um ein Gemisch mehrerer? Im ersteren Falle ist die che-

---

[21]) Vergl. Th. Paul und O. Sarwey, Experimentaluntersuchungen über Händedesinfection. Münchener medicin. Wochenschrift 1899 No. 49 u. 51; 1900 No. 27, 28, 29, 30 u. 31; 1901 No. 12.

mische Formel bez. Constitutionsformel anzugeben, im letzteren Falle die Namen der Bestandtheile und die procentuarische Zusammensetzung.

3. Ist die Herstellung oder der Name des Desinfectionsmittels gesetzlich geschützt und auf welche Weise?

4. Angabe des Aggregatzustandes bei Zimmertemperatur (18^0), des specifischen Gewichtes, des Schmelz- und Siedepunktes, und etwaiger Änderungen beim Schmelzen und Sieden.

5. In welchen Lösungsmitteln und in welchen Verhältnissen löst sich der Stoff bei Zimmertemperatur (18^0)? Welche Reaction, Farbe und welchen Geschmack haben die Lösungen? Finden irgend welche Veränderungen des Stoffes beim Lösen statt bez. worauf sind diese zurückzuführen?

6. Greifen die Lösungen, speciell diejenige in Wasser, metallene Instrumente und Geräthe an? (Angabe der Metalle, mit denen die Prüfung vorgenommen wurde nebst Angabe der Versuchsanordnung und Versuchszeit.) Gehört das Desinfectionsmittel zu den Verbindungen der Schwermetalle, so ist ferner anzugeben, ob dessen wässerige Lösung sofort in der Kälte oder erst bei längerem Erhitzen mit Schwefelwasserstoff oder Schwefelammonium Niederschläge giebt.

7. Fällt die wässerige Lösung des Desinfectionsmittels Eiweissstoffe? Löst sich der eventuell entstandene Niederschlag im Überschuss des Fällungsmittels wieder auf? (Angabe der Versuchsanordnung, der benutzten Eiweissstoffe und der Concentrationen.)

8. Wird die Lösung des Desinfectionsmittels durch Blut oder andere Körperflüssigkeiten zersetzt?

9. Wie verhält sich das Desinfectionsmittel zum menschlichen und thierischen Körper, wird es durch die Haut leicht resorbirt, greift sein Dampf die Athmungsorgane an oder riecht es unangenehm?

10. Angaben über die bakterientödtende Wirkung des Desinfectionsmittels im Vergleich mit anderen Desinficientien und Sublimat auf Grund der nach den oben entwickelten Grundsätzen ausgeführten Experimental-

untersuchung. Insbesondere ist anzugeben, bei welcher Temperatur, in welchen Concentrationen und wie lange das Desinfectionsmittel und die Vergleichsstoffe zur Einwirkung gelangten, welche Bakterien (vegetative Formen oder Sporen) benutzt wurden, auf welche Weise die Desinficientien unschädlich gemacht und wie die specifische Eigenwirkung der hierzu benutzten Reagentien geprüft wurde. Bei der Benutzung von vegetativen Formen sind Versuche mitzutheilen, ob eine mit der angewendeten Desinfectionslösung „isotonische“ d. h. gleichen osmotischen Druck zeigende wässrige Kochsalz- oder Zuckerlösung innerhalb der betreffenden Versuchszeiten schädigend auf die Bakterien einwirkt.

Die Bezeichnung „sporentödtend“ darf einem Desinfectionsmittel nur dann beigelegt werden, wenn es unter Einhaltung der in diesem Entwurfe angegebenen Versuchsanordnung innerhalb von 24 Stunden Milzbrandsporen mittlerer Resistenz abzutödten vermag, von denen die gleiche Anzahl durch eine 16 litrige = 1,7 proc. wässrige Sublimatlösung innerhalb von 5 Minuten noch nicht vollkommen abgetödtet wird[22]).

11. In welcher Verdünnung wirkt das Desinfectionsmittel entwickelungshemmend? Hierbei ist eingehend anzugeben, auf welche Weise die Entwickelungshemmung geprüft wurde, welche Bakterienarten benutzt wurden, welche Zusammensetzung die Nährböden hatten, bei welcher Temperatur gearbeitet wurde, welche Desinficientien zum Vergleich dienten etc.

12. Ist das Desinfectionsmittel schon für besondere praktische Nutzanwendungen geprüft worden und auf welche Weise? Soll das Desinfectionsmittel zur Zimmerdesinfection benutzt

[22]) Als „sporentödtend“ im Sinne obiger Bestimmung können z. B. die bekannten Desinfectionsmittel Solutol, Lysol, Solveol, Creolin „Pearson“ und Creolin „Artmann“ nicht angesehen werden, da nach den Versuchen von Th. Paul und B. Krönig (l. c. Seite 83) sowohl in den concentrirten Flüssigkeiten, als auch in den durch Zusatz von Wasser hergestellten Verdünnungen noch zahlreiche Milzbrandsporen nach 92 Stunden entwickelungsfähig blieben, während nach der 5 Minuten dauernden Einwirkung einer 16 litrigen = 1,7 proc. Sublimatlösung auf die gleiche Anzahl derselben Milzbrandsporen nur noch 4 entwickelungsfähig blieben.

werden, so ist anzugeben, in welcher Weise bez. mit Hülfe welcher Apparate die Desinfection bewerkstelligt werden soll, ferner, ob das verdunstete oder versprayte Mittel die Athmungsorgane stark angreift oder die Schleimhäute reizt, bez. ob und wie diesen Missständen abgeholfen werden kann. Macht es Flecken in die Wäsche und wie können diese eventuell beseitigt werden?

13. Bezugsquelle, Packung und Preis des Desinfectionsmittels im Einzelnen und Ganzen.

Die sachgemässe Beurtheilung eines Desinfectionsmittels setzt, wie aus vorstehendem Entwurf hervorgeht, ziemlich weitgehende chemische Vorkenntnisse mit besonderer Berücksichtigung der modernen physikalisch-chemischen Lehren voraus, durch welche unsere Anschauungen vom Zustande der Körper in Lösungen — denn solche kommen hier fast ausschliesslich in Frage — sehr erweitert und in vollkommen neue Bahnen gelenkt worden sind. Es kann daher allen denen, welche sich mit Desinfectionsfragen beschäftigen, nicht dringend genug ans Herz gelegt werden, ihre Kenntnisse nach dieser Richtung möglichst zu vertiefen.

Aus demselben Grunde halte ich auch, wie ich hier nochmals betonen will, die Mitwirkung der mit eingehenden chemischen Kenntnissen und experimentellen Fertigkeiten ausgerüsteten pharmaceutischen Chemiker bei der Ausführung bacteriologisch-chemischer Untersuchungen für sehr wünschenswerth[23]).

[23]) Nachdem bereits vor einer Reihe von Jahren zwei hervorragende Vertreter der wissenschaftlichen Pharmacie Th. Poleck (Gutachten, die Reform der pharmaceutischen Ausbildung betreffend, auf Veranlassung der von dem Deutschen Apotheker-Verein zu diesem Zweck niedergesetzten Commission im Jahre 1879 erstattet) und Ernst Schmidt (Rede, gehalten am 27. October 1888, gelegentlich der Einweihung der Erweiterungsbauten des pharmaceutisch-chemischen Institutes zu Marburg) eine Erweiterung des pharmaceutischen Studiums gefordert hatten, und diese Forderungen inzwischen wiederholt geltend gemacht wurden, scheint begründete Aussicht vorhanden zu sein, dass in nächster Zeit eine Neuordnung des Studienganges der Apotheker im Deutschen Reiche bevorsteht. Nach ihr soll für die Studirenden der Pharmacie auch der Besuch eines bakteriologischen Curses vorgeschrieben werden.

8. Schlussbetrachtungen über die Beziehungen, welche zwischen der bakterientödtenden Wirkung eines Stoffes und dessen physiologischem und pharmakologischem Verhalten bestehen.

Abgesehen von der Verwendung für praktische Zwecke, halte ich die Einführung einer brauchbaren Methode zur schnellen und sicheren Prüfung der Wirkung chemischer Agentien auf die Bacterien noch aus anderen Gründen für sehr werthvoll. Wenn auch die Bakterien nicht zu den einfachsten pflanzlichen Organismen gehören, sind sie doch einfach genug gebaut, um an ihnen die Giftwirkung der chemischen Verbindungen auf die Zelle studiren zu können. Es ist eines der wichtigsten Probleme der wissenschaftlichen Bakteriologie, die Beziehungen festzustellen, welche zwischen der Giftwirkung und der chemischen Constitution bez. dem Lösungszustand der Stoffe bestehen. Wie schon von anderen Autoren und auch von uns an zahlreichen Beispielen gezeigt worden ist, sind solche Beziehungen im weitesten Maasse vorhanden. Was für empfindliche Indicatoren die Bakterien für kleine Unterschiede in der Constitution sind, geht unter Anderem aus Tabelle 8 dieser Abhandlung hervor; jede Molekel Kochsalz, welche dem Quecksilberchlorid stufenweise zugesetzt wird, vermindert die Concentration der Quecksilber-Ionen und die Folge davon ist eine erhebliche Herabsetzung der Giftwirkung. Die planmässige Aufklärung dieser Beziehungen hat nicht nur ein erhebliches theoretisches Interesse, sie giebt uns auch Mittel und Wege an die Hand, neue Desinfectionsmittel systematisch aufzusuchen. Dass es deren noch zahlreiche giebt und besonders auf dem unerschöpflichen Gebiete der organischen Chemie, steht ausser Zweifel; ich erinnere nur an die verhältnissmässig späte Entdeckung und praktische Verwendung der desinficirenden Eigenschaften des Formaldehyds.

Die an den Bakterien gesammelten Erfahrungen können wir ferner bis zu einem gewissen Grade auf die höher organisirten Wesen übertragen. Dass dies möglich ist, hat vor einigen

Jahren Alfred Fischer[24]), im Anschluss an die von B. Krönig und mir mit Milzbrandsporen und Staphylokokken ausgeführten Untersuchungen, durch Versuche über das Verhalten von Lösungen verschieden dissociirter Quecksilberverbindungen zu den Epidermiszellen von Tradescantia discolor gezeigt. Die Lösungen tödteten das volllebendige Protoplasma dieser Zellen nicht nach dem absoluten Gehalt an Quecksilbersalzen, sondern nach der Concentration an Quecksilber-Ionen ab, ganz wie wir es an den angetrockneten Bacterien beobachtet hatten. Schliesslich besteht eine unverkennbare und weitgehende Analogie zwischen der Wirkung verschiedener Metallsalze auf die Bakterien und auf die thierischen Zellen und Gewebe. Alle diejenigen Metallsalzlösungen, welche die Bakterien in kurzer Zeit abtödten, wie z. B. wässerige Quecksilberchlorid- ($HgCl_2$) und Silbernitratlösungen ($AgNO_3$), greifen auch die Schleimhäute und andere thierische Gewebe sehr stark an. Versetzt man dagegen die Sublimatlösungen mit viel Kochsalz oder überschüssigem Jodkalium, und die Höllensteinlösung mit Natriumthiosulfat, oder führt man die Metalle in organische Complexe ein, wie das Quecksilber in Hydrargyrum formamidatum und das Silber im Argentamin (eine Lösung von Silberphosphat in Methylamin), wodurch in allen Fällen eine bedeutende Verminderung der Metall-Ionen in den Lösungen bewirkt wird, so geht sowohl die bakterientödtende Wirkung, wie auch die Ätzwirkung auf thierische Gewebe nicht nur qualitativ, sondern auch quantitativ in derselben Weise zurück[25]). Will man daher ein neues, diese Metalle

[24]) Vergl. die Originalmittheilung A. Fischer's über Versuche mit lebenden Pflanzenzellen in der schon mehrfach erwähnten Abhandlung von B. Krönig und Th. Paul über die chemischen Grundlagen etc. S. 104.

[25]) Welchen Einfluss die Lehre von der elektrolytischen Dissociation auf die Erklärung therapeutisch wichtiger Vorgänge hat, lehrt folgendes Beispiel. Beim äusserlichen Gebrauch von rother Quecksilbersalbe, welche aus rothem Quecksilberoxyd und einer Salbengrundlage besteht, muss man sich sehr hüten, innerlich Brom- oder Jodsalze zu geben, da diese sonst nur rein local wirkende Salbe zu tiefgreifenden entzündlichen Processen und acuten Quecksilbervergiftungen Anlass geben kann. Was ist die Ursache

enthaltendes Heilmittel auf seine Unschädlichkeit gegenüber den Schleimhäuten und anderen thierischen Geweben untersuchen, so braucht man nur in der oben angegebenen Weise das Verhalten zu Milzbrandsporen zu prüfen; die an den Bakterien gewonnenen Erfahrungen lassen sich ohne Weiteres bei der Herstellung derartiger Präparate verwenden.

Schliesslich kann uns das Verhalten der Bakterien zu den Lösungen gewisser Stoffe, über deren chemische Constitution wir gut orientirt sind, Aufschluss über den Aufbau der Bakterien und die Bestandtheile und Structur ihres Protoplasmas liefern. Dass die Reaction des lebenden Protoplasmas der Bakterien mit chemischen Agentien denselben allgemeinen Gesetzen unterworfen ist, nach denen die chemischen Vorgänge in der unbelebten Natur stattfinden, hat eine schöne Untersuchung von K. Ikeda[26]) in Tokio (Japan) gelehrt. Er unterwarf die von B. Krönig und mir angestellten Versuche über das Verhalten der Milzbrandsporen zu wässrigen Quecksilberchloridlösungen (vergl. Tabelle 7 dieser Abhandlung) einer sehr interessanten Untersuchung vom theoretisch-physikalisch-chemischen Standpunkt aus. Mit Hülfe einer graphischen Anordnung der Versuche konnte er zeigen, dass zwischen der Concentration des Quecksilberchlorids, der Einwirkungszeit und der Zahl der keimfähig gebliebenen Sporen ganz bestimmte Beziehungen bestehen, und dass es sogar möglich ist, auf Grund der mit **einer** Lösung ausgeführten Versuche die Einwirkungszeiten zu berechnen, welche

---

dieser merkwürdigen Erscheinung, welche auch bei Benutzung anderer Quecksilbersalben beobachtet worden ist? Gerade so, wie sich Quecksilberoxyd in einer wässrigen Lösung von Jod- oder Bromkalium löst, weil das Quecksilberbromid $HgBr_2$ und in noch höherem Maasse das Quecksilberjodid HgJ_2 nur sehr wenig elektrolytisch dissociirt sind, wird auch von den jod- oder bromhaltigen Körperflüssigkeiten das unter normalen Verhältnissen sehr schwer lösliche und deshalb sehr mild wirkende Quecksilberoxyd der Salbe gelöst. Diese Lösung wird resorbirt und veranlasst secundär die Vergiftungserscheinungen.

[26]) Diese Untersuchung ist ebenfalls in der Abhandlung von B. Krönig u. Th. Paul über die chemischen Grundlagen etc. Seite 95 mitgetheilt.

bei anderen Verdünnungen zu demselben Desinfectionseffect führen.

Aus diesen Betrachtungen geht hervor, dass die oben beschriebene Methode zur Feststellung der bakterientödtenden Wirkung eines Stoffes nicht nur zur einheitlichen Werthbestimmung chemischer Desinfectionsmittel brauchbar ist, sondern, dass sie auch mit Vortheil bei physiologischen und pharmakologischen Untersuchungen benutzt werden kann.